小龙虾养殖实用技术

XIAOLONGXIA YANGZHI SHIYONG JISHU

齐富刚　王建国
袁　圣　王　洲　编著

中国科学技术出版社
·北 京·

图书在版编目（CIP）数据

小龙虾养殖实用技术 / 齐富刚等编著 . —北京：
中国科学技术出版社，2017.8（2019.4 重印）
ISBN 978-7-5046-7618-4

I. ①小… II. ①齐… III. ①龙虾科—淡水养殖
IV. ① S966.12

中国版本图书馆 CIP 数据核字（2017）第 188867 号

策划编辑	王绍昱	
责任编辑	王绍昱	
装帧设计	中文天地	
责任印制	徐　飞	

出　　版	中国科学技术出版社	
发　　行	中国科学技术出版社发行部	
地　　址	北京市海淀区中关村南大街16号	
邮　　编	100081	
发行电话	010-62173865	
传　　真	010-62173081	
网　　址	http://www.cspbooks.com.cn	

开　　本	889mm×1194mm　1/32	
字　　数	96千字	
印　　张	5.125	
版　　次	2017年8月第1版	
印　　次	2019年4月第2次印刷	
印　　刷	北京长宁印刷有限公司	
书　　号	ISBN 978-7-5046-7618-4 / S·675	
定　　价	20.00元	

Contents 目 录

第一章
概　述

　　小龙虾，学名克氏原螯虾（Procambarus clarkii），属于节肢动物门（Arthropoda）、甲壳纲（Crustacea）、软甲亚纲（Malacostraca）、十足目（Decapoda）、螯虾科（Cambaridae）、螯虾亚科（Cambarinae）、原螯虾属（Procambarus），是该属中渔业经济价值较高的一种。在我国不同地区还有很多地方称呼，如：蝲蛄、螯虾、淡水小龙虾、龙虾等。

一、小龙虾的食用价值

（一）小龙虾的营养价值

　　小龙虾是高蛋白、低脂肪、低热量的优质水产品，味道鲜美，营养丰富。据报道，100克小龙虾肉中，水分含8.2%，蛋白质58.5%，脂肪6.0%，几丁质2.1%，灰分16.8%，矿物质6.6%，微量元素少量。特别是占体重5%左右的小龙虾肝脏（俗称虾黄），则更是味道鲜美。虾黄中含有丰富的不饱和脂肪酸、蛋白质、游离氨基酸、维生素、微量元素等，其中氨基酸的种类比较齐全、含量高，尤其是可食部的氨基酸含量比一般河虾高，同海虾相近，有的氨基酸含量比海虾还要高。不可食部位也含有大量游离氨基酸，特别是头胸部的含量相当丰富。虾肉中几种主要微量元素锰、铁、锌、钴、硒以及对提高机体免疫力有益的金属元素锗和常量元素钙的含量也比海虾和河虾高。总体上来说，虾中微量元素主要富集在头壳中，尤其是钙和锰在头壳中的含量相当高。头壳中的含钙量大约是肉质部的 53 倍，含锰量大约是 6 倍。从成分来看，小龙虾肉质的营养价值很高。占全虾质量 86.1% 的头壳中包含了全虾约 80% 的游离氨基酸和 90% 以上的微量元素。小龙虾与其他虾类相比，锰、铁、锌、钙等含量较高，同时又富含与刺激抗毒素合成、提高机体免疫力和抵抗疾病能力密切相关的硒和锗。

（二）小龙虾的药用价值

小龙虾有很好的食疗作用，其体内含有较多的肌球蛋白和副肌球蛋白，具有很好的补肾、壮阳、滋阴、健胃的功能。经常食用不仅可以使人体神经与肌肉保持兴奋、提高运动耐力，而且还能抗疲劳，防治多种疾病。虾壳可以入药，对多种疾病均有疗效，将蟹、虾壳和栀子焙成粉末，可治疗神经痛、风湿、小儿麻痹、癫痫、胃病及妇科病等；还能制造止血药、提炼甲壳素、虾青素等。

二、小龙虾养殖前景与效益分析

（一）小龙虾消费市场分析

小龙虾比其他淡水虾类好养得多，具有抗病能力强、食性杂、生长快、繁殖力强、对水域大小要求低、养殖投资成本低等优点，是非常适合家庭农场养殖的品种。

国内国际市场对小龙虾需求量均非常巨大。欧美国家是小龙虾的主要消费国，美国年消费量8万余吨，而本国只能供应3成。瑞典每年举行为期3周的螯虾节，全国上下不仅吃螯虾，人们的餐具、衣服上绘制螯虾图案，场面十分隆重，每年小龙虾进口量就达到10万余吨。西欧市场一年消费小龙虾8万余吨，但该地区年产量仅1万余吨。可以说国际市场对小龙虾需求量大，但市场缺口较大。

早些年我国生产的龙虾大部分出口。近年来，国内小龙虾消费量猛增，南京、上海、北京、杭州、常州、无锡、合肥、武汉等大中城市，一年的消费量都在万吨以上。据相关资料显示，南京地区消费者偏好大个头的红壳虾，平均每天要消费60吨，2014年端午节一天消费了130吨。上海日均消费小龙虾80多吨，而且偏好青壳虾。2014年武汉小龙虾市场日均销量为100吨。据统计，2005年南京市场上40～60只/千克的小龙虾市场价格为17元/千克，2006年价格为25元/千克，2014

年达到 30 元 / 千克。小龙虾市场价格走势见图 1–1。小龙虾规格达到 20 克以上就可以上市，个体越大价格越高。我国已经成为全球最大的小龙虾消费地，国内和国外市场的缺口给小龙虾产业提供了广阔的市场前景。早期小龙虾主要靠捕捞，但市场缺口越来越大，自然环境中的野生小龙虾已经远远不能满足市场需求，开展人工养殖不但能弥补自然资源产量不足，还能帮助农民走上致富之路。

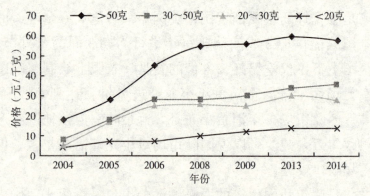

图 1–1　小龙虾市场价格走势图

（二）小龙虾养殖状况分析

早在 20 世纪初期，苏联就实施了大湖泊人工放养小龙虾苗，并在 1960 年成功进行了虾苗工厂化培育。美国在很早前就采用稻田养殖模式，1965 年养殖面积达到 10.5 万亩（1 亩＝ 667 米^2），2000 年达到 90 万亩，年产量达到 3 万吨以上。澳大利亚有 300 多家淡水小龙虾养殖场，已经形成养殖规模。

我国小龙虾养殖是从 20 世纪 90 年代开始，大面积养殖主要集中在江苏、湖北、湖南、安徽和浙江等省。目前湖北省有潜江五七油田的"油焖大虾"和宜城的"宜城大虾"两个品牌，江苏有"盱眙十三香龙虾"，安徽有"麻辣大虾"等地方品牌。据统计，截至 2013 年，全国小龙虾养殖面积约 600 万亩，产量 55 万吨，湖北、安徽、江苏为全国小龙虾养殖量前三甲。2013 年，湖北年产小龙虾 34.75 万吨，创造综合效益 434.5 亿元，为小龙虾生产第一大省；江苏省养殖总面积 200 余万亩，年产值超过 100 亿元；安徽年产量近 10 万吨，年产值近百亿元。

（三）小龙虾养殖效益分析

小龙虾供需矛盾突出，价格稳定在 30 元 / 千克左右，最高达到 80 元 / 千克，市场潜力巨大。小龙虾养殖经济效益受到苗种价格、养殖规模、养殖模式、饲料价格、市场销售、养殖技术等因素的影响。养殖户要通过规范性生产和管理，减少养殖的盲目性，以提高养殖成功率和养殖效益。从全国养殖情况来看，小龙虾养殖模式主要有池塘精养、池塘混养、稻田养殖、藕田混养等模式。从产量上看，池塘精养模式＞套养沙塘鳢模式＞甲鱼混养模式＞水芹菜、虾、鱼轮作模式＞河蟹混养模式。各种养殖模式，在正常养殖情况下，综合养殖利润在 0.6 万～0.8 万元 / 亩之间，投入成本在 0.15 万～0.55 万

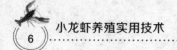

元 / 亩之间（不包括初次建塘费用）。在湖北、安徽、江西等省主要进行稻田养殖，稻田养殖模式下总养殖效益可提高 0.2 万～0.8 万元 / 亩。在藕田中套养小龙虾产值可增加 0.3 万元 / 亩。

第二章
小龙虾生物学特性

小龙虾原产于墨西哥北部和美国东南部，又名美国鳌虾、路易斯安那州鳌虾。现已广泛分布于非洲、亚洲、欧洲及南美洲50多个国家和地区，成为一个世界广泛分布的品种。非洲本来没有该虾分布，但由于欧美市场对小龙虾产品的需求量不断上升，位于西非洲的肯尼亚在20世纪70年代从北美洲引进该虾饲养，于20世纪80年代初成为欧洲市场的主要供应国之一。

1918年，日本从美国引进小龙虾作为牛蛙养殖的饵料，1929年小龙虾从日本传到我国南京近郊，开始在我国繁衍。由于其适应性广，繁殖力强，无论江河、湖泊、池塘、水田、沟渠均能生活，甚至一些其他动物难以生存的富营养化水体也能正常生活。经过80多年的发展，目前在我国已经成为一个稳定的外来物种，广泛分布于东北、华北、西北、西南、中南、华南及我国台湾省等20多个省、直辖市、自治区，我国已经成为小龙虾产量大国和出口大国，引起了世界各国的关注。尤其是长江中下游地区，小龙虾生物种群比较大，已经成为我国淡

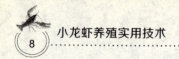

水螯虾的主要产区。

一、小龙虾的形态特征

（一）外部形态

小龙虾体表披一层光滑的坚硬外壳，由几丁质、石灰质等组成，体色呈淡青色、淡红色。身体分头胸部和腹部，头胸部稍大，背腹略扁平，头胸部与腹部均匀连接。头部6节和胸部8节愈合而成，被头胸甲包被，头胸甲背面前部有4条脊突，居中2条比较长粗，从额角向后伸延；另2条较短小，从眼后棘向后延伸。小龙虾善于爬行，头胸部附肢共有13对。头部5对，前2对为触须，细长鞭状，具有感觉功能，栖息和正常爬行时触须均向前伸出；受惊吓或攻击时，两条长触须弯向尾部，以防尾部受攻击；后3对为口肢，分别为大颚和第1、第2小颚。大颚坚硬而粗壮，内侧有基颚，形成咀嚼器，内壁附有发达的肌肉束，利于咬切和咀嚼食物。胸部胸肢8对，前3对为颚足，后5对为步足。第1～3对步足末端呈钳状，第4～5对步足末端呈爪状。第2对步足特别发达而成为很大的螯，雄性的螯比雌性的发达，并且雄性龙虾的前外缘有一鲜红的薄膜，十分显眼。雌性则没有此红色薄膜，这成为雄雌区别的重要特征。尾部有5片强大的尾扇，母虾在抱卵期和孵化期，尾扇均向内弯曲，爬行或受敌攻击时，以保护受精卵或稚虾免受损害。

　　小龙虾成熟个体为暗红色，未成熟个体为青色或青褐色，有时还为蓝色。小龙虾的体色常随栖息的环境不同而有变化，如生活在长江中的小龙虾成熟个体呈红色，未成熟隔的个体呈青色或青褐色，生活在水质恶化的池塘、河沟中的小龙虾成熟个体常为暗红色，未成熟个体常为褐色甚至黑色。这种体色的改变是对环境的适应，具有保护作用。

　　小龙虾雌性和雄性在外形上有很大差别。雄性体形较雌性更大，螯足粗大壮硕，棘突长而明显，且螯足的前端外侧有一明亮的红色软疣，第一附肢和第二附肢特化成角质的交接器。雌性螯足比雄性略小，第三步足基部有一圆形的开孔为生殖孔，雌虾第一腹足退化，很细小，其他腹足为羽状，便于击动水流（图2-1）。

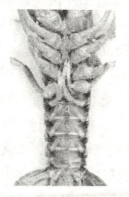

雄性（♂）　　　　　　　雌性（♀）

图2-1　小龙虾雌雄鉴别

（二）内部形态

1. 消化系统　由口器、食道、胃、肠、肝胰腺、直肠、肛门组成。口开于大颚之间，后接食道，食道很短，呈管状。食物由口器的大颚切断后经咀嚼送入口中，经食道进入胃，胃膨大，分为贲门胃和幽门胃两部分，贲门胃的胃壁上有钙质齿组成的胃磨，蜕壳期前期和蜕壳期较大，蜕壳间期较小，起着对全身钙质的调节作用。食物经贲门胃进一步磨碎后，进入幽门胃，幽门胃中分泌大量消化液，肝胰腺中分泌的大量消化液注入幽门胃中，将食物消化成更加细小的成分。液状物经过滤后进入肝胰腺吸收后，部分营养储存于此，并将多余营养输送到身体其他部分；其余部分进入肠道，肠道在虾体背部，直通到尾扇处球状的直肠，通到肛门，肛门开口于尾扇腹面的中央。肝胰腺为小龙虾重要的消化腺，其体积和其他虾类相比大很多，因此小龙虾存储营养物质和解毒能力很强，在环境恶劣的条件下也能生存。

2. 呼吸系统　由鳃组成，共 17 对鳃。其中 7 对鳃较为粗大，与第 2、第 3 颚足及第 5 对胸足的基部相连，其他 10 对鳃相对细小，薄片状，与鳃壁相连。小龙虾呼吸时，颚足驱动水流经过鳃完成气体交换，水流的不断循环保证了呼吸作用所需要的氧气供应。小龙虾鳃组织相对面积较大，因此小龙虾在溶解氧相对较低的环境中也能正常生存。养殖的小龙虾经常可见其攀附于水草等物体上侧身在水气交界面呼吸。虾类的鳃不仅要进行气体交换，而且是其过滤、清除病原及异物的重要器官。

3. 循环系统　包括心脏、血液和血管，是一种开管式循环。心脏位于头胸部背面的围心窦中，为半透明状，多角形的肌肉囊，有 3 对心孔，内有防止血液倒流的瓣膜。血液为无色的液体，血液中负责运载氧气的是血蓝蛋白，因此其血液流出体外后呈淡蓝色。当流出的血液颜色发生变化时就可能是虾体被病原感染的表现。

4. 生殖系统　雄性小龙虾有 1 对很细的精巢，左右对称，位于心脏下方、消化道上方，呈三叶状，左右精巢各发出 1 条十分曲折的输精管，从心脏下方两侧的体壁开口于两侧第五胸肢基部的生殖突。精巢的大小和颜色随着季节变化，未成熟的精巢呈白色细条状，成熟的精巢呈乳白色的球形，体积膨大数十倍不等。雌虾的生殖系统由 1 对卵巢和 2 根输卵管组成，卵巢位于心脏下方、肠道的上方，被肝胰腺覆盖，占满整个围心腔。卵巢呈"Y"形，头胸甲与腹部交汇处的卵巢为 1 根粗棒状，向头部方向开始分支为 2 根更粗的棒状。1 对输卵管沿两侧围心腔壁汇合于胸部第三步足，开口于雌虾生殖孔。

5. 排泄系统　小龙虾头部大触角基部有一堆绿色的腺体，叫触角腺或绿腺，在其后有一膀胱，有排泄管通向大触角基部，开口于体外，所以也有人形容虾是"头部排尿的动物"。触角腺是虾渗透压调节的器官，其作用相当于哺乳动物的肾单位，可以排出多余离子及废物，维持体内水盐平衡和调节渗透压。

6. 神经系统　小龙虾的感觉器官是第一、第二触角以及复眼和触角基部的平衡囊，具有嗅觉、触觉、视觉及平衡功能。小龙虾的脑神经干及神经节能够分泌多种神经激素，这些神经激素调节着小龙虾的生长、蜕皮及生殖等生理过程。

7. 内分泌系统　许多内分泌腺与其他结构合在一起，分泌多种调节蜕皮、精卵细胞合成和性腺发育的激素。如调节性成熟的激素是由位于虾眼柄内的器官窦腺复合体来调节的。

8. 肌肉运动系统　由肌肉和甲壳组成，甲壳又称外骨骼，起着支撑的作用，在肌肉的牵动下发挥运动功能。肌肉是小龙虾的主要可食部分之一。

二、小龙虾的生活习性

（一）小龙虾的食性与生长特征

1. 食性与摄食　小龙虾食性是偏好动物食性的杂食动物。植物性饵料主要为眼子菜、空心菜、水花生等高等水生植物、丝状藻类、牧草、蔬菜、豆饼等食物；动物性食物占 2%，主要为小鱼、虾、浮游动物、底栖动物、动物尸体等。华中农业大学的魏青山等研究发现，在同等情况下，小龙虾每昼夜摄食不同食物占身体的比重为：水蚯蚓 14.8%、鱼肉 4.9%，马来眼子菜 3.2%、配合饲料 2.8%、空心菜 2.6%、豆饼 1.2%、水花生 1.1%、苏丹草 0.7%（表 2-1），从中可以看出，小龙虾对动物性食物具有明显的偏好，但是小龙虾游泳能力差，获得动物性食物的难度较大，而植物性食物获得难度相对较小，因此小龙虾食性是偏好动物性食物的杂食性。

表 2-1　小龙虾对各种食物的摄食率对比　（仿魏青山）

类　别	食物种类	摄食率（食物/体重×100%）
动　物	水蚯蚓	14.8
	鱼　肉	4.9
植　物	马来眼子菜	3.2
	空心菜	2.6
	水花生	1.1
	苏丹草	0.7
饲　料	配合饲料	2.8
	豆　饼	1.2

小龙虾摄食多在傍晚或黎明，尤以黄昏为多，人工养殖条件下，经过一定的驯化，白天也会出来觅食。小龙虾具有较强的耐饥饿能力，一般能耐饥饿 3～5 天；秋冬季节一般 20～30 天不摄食也不会饿死。摄食的最适温度为 25～30℃；水温低于 15℃以下活动减弱；水温低于 10℃或超过 35℃摄食明显减少；水温在 8℃以下时，进入越冬期，停止摄食。在适温范围内，摄食强度随水温的升高而增强。

小龙虾不仅摄食能力强，而且有贪食、争食的习性。

在养殖密度大或者投饵量不足的情况下，小龙虾之间会自相残杀，尤其是正在蜕壳或者刚蜕壳的没有防御能力的软壳虾和幼虾常常被成年小龙虾所捕食，有时抱卵亲虾在食物缺少时会蚕食自己产的卵，据有关研究表明，1只雌虾1天可吃掉20只幼体。

养殖小龙虾时，可以在水域中先投入经充分发酵腐熟的动物粪便等有机物，但这些粪料并不是直接作为小龙虾的食物，其作用是培养浮游生物作为小龙虾的饵料。在生长旺季，在池塘下风口处浮游动植物较多的水面，常能观察到小龙虾将口器置于水平面处用大螯不停地划水，将水面的藻类、漂浮的浮游生物等送入口中。

小龙虾摄食时用大螯捕获大型动物和撕扯植物，撕碎后送给第二、第三步足抱住，进一步撕碎和送到口器，由口器的大颚小颚咀嚼啃食。大螯非常有力，能轻松夹碎螺蛳、小河蚌等贝类，小虾小蟹也能很轻松地被夹碎摄食。

2. 蜕皮与生长　小龙虾与其他甲壳动物一样，体表有很坚硬的几丁质外骨骼，因此必须通过蜕掉体表的甲壳才能完成突变性生长。在小龙虾的一生中，每蜕一次壳机体就能得到一次较大幅度的增长，所以，正常的蜕壳意味着生长。

小龙虾的蜕壳与水温、营养及个体发育阶段密切相关。幼体一般4～6天蜕皮1次，离开母体进入开放水体的幼虾每5～8天蜕皮1次，后期幼虾的蜕皮间隔一般8～20天。水温高，食物充足，发育阶段早，则蜕皮间隔短。从幼体到性成熟，小龙虾要进行 11 次以上的蜕皮。其中蚤状幼体阶段蜕皮 2 次，幼虾阶段蜕皮 9 次以上。

蜕壳时间大多在夜晚，人工养殖条件下，有时白天也可见其蜕皮，根据该虾的活动及摄食情况，其蜕皮周期可分为蜕皮间期、蜕皮前期、蜕皮期、蜕皮后期 4 个阶段。蜕壳时，先是体液浓度增加，紧接着虾体侧卧，腹肢间歇性地缓缓划动，随后虾体急剧屈伸，将头胸甲与第一腹节背面交界处的关节膜裂开，再经几次突然性的连续跳动，新体就从裂缝中跃出旧壳。这个阶段持续时间约几分钟至十几分钟不等，经过多次观察，发现身体健壮的小龙虾蜕壳时间多在 8 分钟左右，时间过长则小龙虾易死亡。蜕壳后水分从皮质进入体内，身体增重、增大；体内钙池的钙向皮质层转移，新的壳体于 12～24 小时后皮质层变硬、变厚，成为甲壳。进入越冬期的小龙虾，一般蛰居在洞穴中，不再蜕壳，并停止生长。小龙虾蜕壳和其他虾类略有不同，蜕壳前小龙虾会将一些必要的成分向体内转移，如将钙质等转移到胃中形成两块大大的白色石头，蜕壳后作为营养补充，避免因环境中缺钙而导致甲壳硬化困难的情况发生，使其能适应环境的能力增强。

据调查，小龙虾 1 个生命周期为 13～25 个月，生长 1 周年左右体长可达到 8～10 厘米，体重可达到 35～60 克。性成熟的亲虾一般一年蜕皮 1～2 次，全长 8～11 厘米的小龙虾每蜕一次皮，全长可增长 1.2～1.5 厘米。

（二）小龙虾的行为特征

1. 掘穴行为　小龙虾与河蟹较相似，有一对特别发达的螯，有掘洞穴居的习惯，并且善于掘洞（图2-2）。调查发现龙虾掘洞能力较强，但并不是在所有的情况下都喜欢打洞，在水质较肥、淤泥较多、有机质丰富的生长季节，小龙虾掘穴明显减少；而在无石块、杂草及洞穴可供躲藏的水体，小龙虾常在堤埂靠近水面处挖洞穴居。洞穴位于池塘水面以上20厘米左右，洞穴的深浅、走向与水体水位的波动、堤岸的土质以及小龙虾的生活周期有关。在水位升降幅度较大的水体和繁殖期，所掘洞穴较深；在水位稳定的水体和越冬期，所掘洞穴较浅；在生长期，小龙虾基本不掘洞。1～2厘米的个体即具有掘洞能力，3厘米的小龙虾24小时即可掘洞10～25厘米。成虾洞穴的深度大部分在50～80厘米之间，少部分为80～150厘米；幼虾洞穴的深度在10～25厘米之

图2-2　小龙虾所掘洞穴

间。观察表明，小龙虾能利用人工洞穴和水体内原有的洞穴及其他隐蔽物，其掘穴行为多出现在繁殖期。洞穴内有少量积水，以保持湿度，洞口一般以泥帽封住，以减少水分散失。由于小龙虾喜阴怕光，大多在光线微弱或黑暗时才爬出洞穴活动，即使出洞后也常抱住水体中的水草或悬浮物，呈"睡觉"状。在光线比较强烈的地方，小龙虾大多沉入水底或躲藏于洞穴中，呈现明显的昼伏夜出活动现象。因而在养殖池中适当增放人工巢穴，并辅以技术措施，能大大减轻小龙虾对池埂、堤岸的破坏性。

水体底质条件对小龙虾掘洞的影响较为显著，在有机质缺乏的沙质土壤，打洞现象较多，在硬质土壤中打洞较少。在水质较肥，底层淤泥较多，有机质丰富的条件下，小龙虾洞穴明显减少。繁殖季节小龙虾打洞的数量明显增多。研究发现在人工养殖小龙虾时，有人工洞穴的虾成活率为92.8%，无人工洞穴的对照存活率仅为14.5%，差异非常显著。主要原因是小龙虾领域性较强，当多个个体拥挤在一起时彼此就会发生打斗，造成伤亡，导致成活率大大下降。

2. 领域性行为　小龙虾具有很强的领域行为，会精心选择某一区域作为其领域，在该区域内进行掘洞、活动、摄食，不允许其他同类的进入，只有在繁殖季节才有异性的进入。一旦同类尤其是雄性进入其领地，就会发生攻击行为。这种领域行为的表现就是通过掘洞来实现的，有的在水草等攀附物上也会发生攻击行为。小龙虾领地的大小也不是一成不变的，会根据时间和生态环境不同而做适当的调整。

3. 攻击性行为 小龙虾个体间攻击行为在其种群结构和空间分布的形成中起着重要作用，攻击性强的个体在种群内将占有优势地位，但较强的攻击行为将导致种群内个体的死亡，引起种群扩散和繁殖障碍。有研究指出，小龙虾幼体早在第二期就显示出了种内攻击行为，当幼虾体长超过 2.5 厘米，相互残杀现象明显，在此期间如果一方是刚蜕壳的软壳虾，则其很可能被对方杀死甚至吃掉。当两虾相遇时都会将各自的两只大螯高高举起，伸向对方，呈战斗状态，双方相持 10 秒后会立即发起攻击，直至一方承认失败退却后，这场打斗才算结束。因此，人工养殖过程中应增加隐蔽物，提高环境复杂程度，减少小龙虾直接接触发生打斗的机会。

4. 趋水性行为 小龙虾有很强的趋水流性，喜新活水，逆水上溯，集群生活。在养殖池中常成群聚集在进水口周围。大雨天气，可逆向水流上岸边做短暂停留或逃逸。在进排水口或有活水进入时，其会成群结队的溯水逃跑。小龙虾攀附能力较强，下雨或有新水流入时，异常活跃，会集中在进水口周围，甚至出现集体逃跑现象。当水中环境不适时，小龙虾也会爬上岸边栖息，因此养殖场要有防逃围栏设施。

（三）小龙虾生活环境特征

小龙虾喜阴怕光，常栖息于沟渠、坑塘、湖泊、水库、稻田等水域中，营底栖生活。具有较强的掘穴能力，亦能在河岸、沟边、沼泽，借助螯足和尾扇，造洞穴，栖居繁殖。当光线微弱或黑暗时爬出洞穴，小龙虾通常抱住水体中的水草或悬浮物，呈"睡眠"状；受到惊吓或光线强烈时则沉入水底或躲藏于洞穴中，具有昼夜垂直运动现象。在正常条件下，白天光线较强烈时，小龙虾常潜伏在水中较深处，或水体底部光线较暗的角落、石砾、水草、树枝、石块旁、草丛或洞穴中；光线微弱或夜晚出来摄食，多聚集在浅水边爬行觅食或寻偶。小龙虾喜爬行，不喜游泳，觅食和活动时向前爬行，受惊或遇敌时迅速向后，弹跳回深水中躲避。

小龙虾有较强的攀缘和迁徙能力，在水体缺氧、缺饵、污染及其他生物、理化因子发生剧烈变化而不适的情况下，常常爬出水体外活动，从一个水体迁徙到另一个水体。小龙虾喜逆水，逆水上溯的能力很强，这也是该虾在下大雨时常随水流爬出养殖池塘的原因之一，因此在养殖时一定要注意防逃措施。

1. 温度 小龙虾生长适宜水温为 15～32℃，最适生长水温为 18～28℃，当水温低于 18℃或高于 28℃时，生长率下降。成虾耐高温和低温的能力比较强，能适应40℃以上的高温和 -15℃的低温。在珠江流域、长江流域和淮河流域均能自然越冬。研究发现温度越高小龙虾的耗氧率越高，代谢强度增加，代谢率增大，能量消耗增大。为维持正常代谢水平，保持虾持续增重，温度保持在 25～30℃的最适范围非常重要。在最适温度内，随着温度的升高，小龙虾摄食量也逐渐增大，生长速度逐渐加快。最适温度范围持续时间越长，体重正积累时间就越多，个体增长越快。水温低于15℃以下小龙虾活动能力减弱，水温低于10℃或超过35℃时摄食显著减少。水温在8℃以下开始进入越冬期，停止摄食。小龙虾摄食能力强、耐饥饿能力也很强，秋冬季节小龙虾长期不进食也不会饿死。因此在养殖过程中合理的温度控制对生产十分有利。

2. 溶解氧　从养殖水环境调查情况看，小龙虾生存环境相对其他虾类来说要求更低，在各种水体都能生存，广泛栖息生活于淡水湖泊、河流、池塘、水库、沼泽、水田、水沟及稻田中，甚至在一些鱼类难以存活的水体也能存活，但在食物较为丰富的静水沟渠、池塘和浅水草型湖泊中较多，说明该虾对水体的富营养化及低氧有较强的适应性。一般水体溶解氧保持在3毫克/升以上，即可满足其生长所需。栖息地水体水位较为稳定，则该虾分布较多。小龙虾栖息的地点常有季节性变换现象，春天水温上升，多在浅水处活动；盛夏水温较高时，就向深水处移动，冬季在洞穴中越冬。

当水体溶解氧不足时，小龙虾常攀缘到水体表层呼吸或借助于水体中的杂草、树枝、石块等物，将身体偏转，使一侧鳃处于水体表面呼吸，在缺氧水体环境中甚至爬上陆地直接呼吸空气中的氧气，离开水体能成活1周以上。小龙虾对环境的适应能力强，各种水体都能生存，有些个体甚至可以耐受长达4个月的干旱环境。

溶解氧是影响小龙虾生长的一个重要因素。小龙虾昼伏夜出，耗氧率昼夜变化规律非常明显。有研究指出：小龙虾成虾夜间 12 小时的耗氧率平均为 0.156 ± 0.008 毫克 / 克·小时，白天 12 小时的耗氧率平均为 0.134 ± 0.009 毫克 / 克·小时；幼虾夜间 12 小时的耗氧率平均为 0.484 ± 0.011 毫克 / 克·小时，白天 12 小时的耗氧率平均为 0.369 ± 0.051 毫克 / 克·小时。小龙虾可以爬上岸直接利用空气中的氧。水质清新，水生物丰富，溶解氧在 3 毫克 / 升以上，有利于小龙虾的生长。养殖生产中，冲水和换水是获得高产优质商品虾的必备条件。流水可刺激螯虾蜕壳，加快生长；换水可减少水中悬浮物，使水质清新，保持丰富的溶解氧。在这种条件下生长的螯虾个体饱满，背甲光泽度强，腹部无污物，因而价格较高。小龙虾生存能力较强，出水后若能保持鳃部水分，可存活 1～2 周。

3. 其他指标　小龙虾喜中性和偏碱性的水体，能在 pH 值 4～11 的水体中生活，当 pH 值在 6～9 时最适合其生长和繁殖，pH 值过高和过低可能会使环境中有毒物质毒性增大，不利于小龙虾生长。

小龙虾对重金属、某些农药如敌百虫、敌杀死等菊酯类杀虫剂非常敏感，因此养殖水体应符合国家颁布的渔业水质标准和无公害食品淡水水质标准，以免药物含量过高，影响小龙虾的生长发育甚至造成全军覆没。如果是稻田养殖，在选择药物时要非常谨慎，以免出现药物中毒，造成不必要的损失。

生产中一些养殖人员看到小龙虾自然生存的环境非常恶劣，就误以为小龙虾需要生长在脏水中，而且出现了"越脏越有利于小龙虾生长"的错误观念，所以在养殖时未能将环境条件调整到最佳状态，致使小龙虾出现严重的病害，导致养殖失败。因此要想养好小龙虾，提供优良的环境条件是非常必要的。

三、小龙虾的繁殖习性

（一）性成熟

小龙虾一般隔年性成熟，秋季繁殖的幼体第二年7～8月份即可达到性成熟，并可产卵繁殖。在人工饲养条件下，小龙虾生长速度较快，因此性成熟时间比自然状态要短，一般6个月左右即可达到性成熟。

性成熟的雌体最小体长为6厘米左右，体重10克左右。雄虾最小体长7厘米，体重20克左右。用于繁殖的亲虾尽量选用体重较大的个体，一般雌虾在25克以上，雄虾30克以上。性成熟的小龙虾体色变为红色，雄性螯足可见大量红色疣状颗粒，大螯上的棘突尖锐明显；雌性螯足比较小，疣状突起不明显，卵巢变成酱褐色，卵粒较大、饱满。

（二）繁殖季节

小龙虾全年均可见繁殖行为，但大多数繁殖季节为每年 7～10 月，其中 8～9 月为繁殖盛期。从 3 月份到 9 月份，雌虾卵巢成熟度（卵巢重 / 体重×100%）逐渐提高，9 月份大部分成熟并产卵（图 2-3）。10 月份以后很多雌虾均已经繁殖，卵巢体积迅速下降，虾体较为消瘦，到来年 3 月卵巢基本呈线状。10 月底以后，由于水温逐渐降低，这个时期产出的受精卵一直延续到翌年春季才孵化，因此常出现虾苗产出不同步的现象。这给小龙虾繁殖带来一定困难。

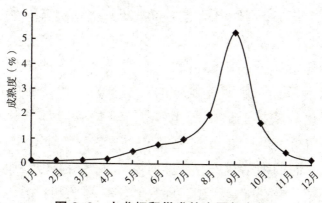

图 2-3　小龙虾卵巢成熟度周年变化

（三）繁殖行为

小龙虾繁殖前雄虾有明显的掘洞行为，每年 7～9 月份池塘中掘洞数量明显增多，预示着繁殖高峰期的到来。在自然界中，全长 3.0～8.0 厘米的虾中，雌性略多于雄性，其中雌性占 51.5%，雄性占 48.5%，雌雄比为 1.06∶1；全长 8.1～14.0 厘米的虾中，雌性占

55.9%，雄性占44.1%，雌雄比为1.17：1。在繁殖季节，从洞穴中挖出的小龙虾数量来看，雌雄比例为1：1；但从越冬的洞穴中挖出小龙虾雌雄比例各不相同，但很少有1：1的。因此小龙虾繁殖是以雌雄比例1：1或雌虾略多配置亲虾较为合理。

小龙虾在配对后、交配前有特殊的生理行为，就是雌雄虾交配前均不蜕壳。在将要交配时，相互靠近，雄虾争夺和追逐雌虾，乘其不备将其掀翻，用第2～5对步足紧抱雌虾头胸甲，用第1螯足夹紧雌虾大螯，雌虾第2～5对步足伸向前方，也被雄虾大螯夹牢，然后两虾侧卧，生殖孔紧贴，雄虾头胸部昂起，将交接器插入雌虾生殖孔，用其齿状突起钩紧生殖孔凹陷处，尾扇紧紧相交，从而让雌虾的腹部伸直，以便雄虾的交接器更好地接触雌虾的生殖孔。在两虾腹部紧紧相贴时，雄虾将乳白色的精荚射出，附着在雌虾第4、第5步足之间的纳精囊中，产卵时卵子从纳精囊旁边通过即可受精。在交配过程中，雌虾和雄虾是平躺着的，但雄虾稍在上面。雄虾交配时表现得非常活跃，触须不停摆动，同时用腹肢不断有节奏地抚摸雌虾的腹部。而此时雌虾表现很安静，触须和腹肢都未见摆动。当周围环境有干扰时，雌虾就会表现出不安，同时弯曲腹部，反抗雄虾的交配；当环境恢复平静时，雌虾就会恢复平静。交配快结束时，雌虾会断断续续地弯曲腹部，以反抗雄虾；而雄虾则不断地用尾部抵住雌虾尾部以制止雌虾反抗，若雌虾反抗剧烈，雄虾就松开大螯，交配结束。交配结束后，雄虾筋疲力尽，远离雌虾休息；而雌虾仍然活动自如，还不时用步足抚摸虾体各部位。在交配活动中，小龙虾大螯完整更有利于交配的顺利完成，而大螯残缺时虽也能完成交配，但会变得相当困难。大螯在小龙虾交配过程中具有很重要的作用，因此在选择亲本时尽量挑选螯足完整、个体较大的用于繁殖。小龙虾交配时间长短各不一样，短者仅5～6分钟，长的可达1小时以上，一般为10～20分钟。交配时间长短与虾群密度高低及水温高低有密切关系。虾群密度较低时，小龙虾交配时间较短，一般在30分钟以内；密度较高时交配时间较长，最长的可达70～80分钟。交配的最低温度为18℃。1尾雄性小龙虾先后可以和2尾或2尾以上雌虾进行交配；雌虾在产卵前可交配1次，也可能交配3～5次。交配间隔短者几小时，长者数十天。雌虾和雄虾交配后隐身于安静池水草中或在所掘洞穴中生活，准备产卵。

（四）产卵与繁殖量

小龙虾卵巢发育持续时间较长，通常在交配以后，视水温不同，卵巢需继续发育一段时间，待成熟后产卵。在生产上，可对雌虾头胸甲与腹部的连接处进行观察，根据卵巢的颜色判断性腺成熟程度，将卵巢发育分为苍白、黄色、橙色、棕色（茶色）和深棕色（豆沙色）等阶段。其中苍白色是未成熟幼虾的性腺，细小，需数月方可达到成熟；橙色是基本成熟的卵巢，交配后需 3 个月左右可以排卵；茶色和棕黑色是成熟的卵巢，是选育亲虾的理想类型，交配后不久即可产卵。从小龙虾的性腺发育规律研究结果看，小龙虾卵细胞发育同步性较高，因此为一次性产卵类型动物。但在生产中也观察到池塘中小龙虾一年有几次产卵高峰的现象，一般在春季和秋季出现两次产卵高峰，可能是不同成熟度的虾产卵不同步所致。

一般情况下亲虾交配后 7～40 天雌虾开始产卵。产卵时，虾体弯曲，游泳足伸向前方，不停地扇动，以接住产出的卵粒，卵子随虾体的伸曲逐渐从雌虾生殖孔中产出，卵产出时与精荚释放出的精子结合而受精，产卵结束后尾扇弯曲至腹下，并展开游泳足抱住它，以防止卵粒散失，随后产出黑色胶汁，将受精卵附着在游泳足的刚毛上，黏附在雌虾的腹部，被形象地称为"抱卵"。小龙虾的卵为圆球形，晶莹光亮，通过一个柄与游泳足相连。雌虾的腹部不停地摆动，以保证受精卵孵化所需的氧气。刚产出的卵呈橘红色，直径 1.5～2.5 毫米，随着胚胎发育的进展，受精卵逐渐呈褐色，未受精的卵逐渐为浑浊的白色，多在 2～3 天内自行脱落。

小龙虾雌虾产卵过程为 10～30 分钟，每次产卵 200～700 粒，最多一次产卵 1 600 多粒。雌虾产卵量与虾个体大小有很大关系（表 2-2）。抱卵量与体长函数：$Z=116.23L-611.06$（"Z"代表抱卵量，"L"代表体长）。

表2-2 不同体长小龙虾雌体抱卵量

体长（厘米）	7～8	8～9	9～10	10～11	11～12	12～13	>14
平均卵粒数（粒）	250	370	480	615	730	820	1 020

（五）受精卵孵化

小龙虾受精卵的孵化和胚胎发育时间较长，水温18～20℃，需25～30天；如果水温过低，孵化期最长可达2个月。亲虾在抱卵过程中，藏于角落或洞穴中，尾扇弯于腹下保护卵粒；遇到惊吓时，尾扇紧抱腹部，迅速爬跑，偶尔亦做断肢弹跳，避开天敌。在整个孵化过程中，亲虾的游泳足会不停地摆动，形成水流，保证受精卵孵化对溶解氧的要求，同时亲虾会利用第二、第三步足及时剔除未受精的卵及病变、坏死的受精卵，保证好的受精卵孵化顺利进行。

小龙虾亲虾有护幼习性，仔虾出膜后不会立即离开母体，仍然附着在母体的游泳足上，直到仔虾完全能独立生活才离开母体。刚离开母体的仔虾一般不会远离母体，在母体的周围活动。一旦受到惊吓会立即重新附集到母体的游泳足上，躲避危险。仔虾在母体的周围会生活相当一段时间后．逐步离开母体独立生活。由于雌虾有抱卵、护幼习性，保护较好，孵化率一般都在90%以上。加之存活力较强，故繁殖量较大。小龙虾受精卵的孵化时间随温度增加所需时间逐渐变短，在7℃水温的条件下，受精卵约需 150 天孵化出；15℃水温条件下，受精卵约需 46 天孵化出；22℃水温条件下，受精卵约需 19 天孵化出；24～26℃水温条件下，受精卵经过 14～15 天孵化即可破膜成为幼体。如果水温太低，受精卵的孵化可能需数月之久，直到越冬后春暖花开后才离开母体。

第三章
小龙虾养殖场规划与设计

一、养殖场选址

（一）选址要求

小龙虾养殖场适合在我国任何地区建设，但以水源充足、气候温暖的地方更加适宜。家庭养殖场以家庭为生产单位，养殖规模一般5～1 000亩，场地较小，投资相对较少，适宜主要消费地近郊大规模散户养殖形式，也适合于消费市场较小的小规模散户养殖，操作灵活，收放自如，是一种值得大力推崇的农民致富的经营形式。家庭养殖场要求在建场地址3千米以内无化工厂、矿厂等污染源，距高速公路等干线公路1千米以上，靠近水源，用电方便，交通便利，能防洪防涝，地势相对平坦。养殖场主可以按照自己的投资规模和场地许可确定适当的养殖面积，一般小型家庭养殖场建设规模在5～100亩；中型家庭养殖场在100～500亩；大型家庭养殖场在500～1 000亩。养殖场地的环境应符合GB/T

18407.4 的要求。

（二）水源环境要求

水是养虾的首要条件，水质的好坏直接影响小龙虾的生长发育和繁殖。江河、湖泊、湿地、水库、山泉、地下水及沟渠水等均可用作小龙虾养殖用水。养殖水源水量充沛，旱季能储水抗旱，雨季能防洪抗涝。水质好坏是养殖成功的关键。近年来我国工农业迅速发展的同时，江河、湖泊及地下水等多种水源均有不同程度的污染，为了生产无公害小龙虾，在建池养虾前要详细考察水源质量，必须从物理、生物、化学三个方面来考虑。

检验标准如下：

（1）水的酸碱度。以 pH 值 6.0～9.0，中性或微碱性为好。

（2）溶解氧是水生动物生存、生长的必要条件，适宜溶解氧为 4 毫克 / 升以上。

（3）二氧化碳是绿色植物进行光合作用的物质基础，适宜的含量为 20～30 毫克 / 升。

（4）沼气和硫化氢是危害水生动物生长的气体，在缺氧的条件下产生，一般在水中不允许存在。

（5）化学物质。油类、硫化物、氰化物、酚类、农药及各类重金属对水生动物的生长都有很大的危害，能造成大量水生动物死亡，应严格控制在一定的范围内（参考我国渔业水域水质标准），超过一定标准的，该水源的水不能使用。

对水源的水质审定要慎重，不能草率行事。野外的初步观测以有天然鱼类生长为原则，准确判断水质应取水样送实验室测定各种指标。

　　无公害水产品养殖用水水源必须符合国家渔业水质标准 GB 11607 的要求。而池塘养殖用水要按 NY 5051–2001《无公害食品淡水养殖用水水质》执行。根据标准要求，水的溶解氧要在 5 毫克 / 升以上，最低不低于 3 毫克 / 升；pH 值在 6.5～8.5。有害物质限量见表 3–1。

表 3–1　淡水养殖用水水质要求　（毫克 / 升）

序　号	项　　目	标准值
1	色、臭、味	不得使养殖水产品带有异味、异臭和异色
2	总大肠菌群（个 / 升）	≤ 5 000
3	汞	≤ 0.0005
4	镉	≤ 0.005
5	铅	≤ 0.05
6	铬	≤ 0.1
7	铜	≤ 0.01
8	锌	≤ 0.1
9	砷	≤ 0.05
10	氟化物	≤ 1
11	石油类	≤ 0.05
12	挥发性酚	≤ 0.005
13	甲基对硫磷	≤ 0.0005

续表 3-1

序　号	项　目	标准值
14	马拉硫磷	≤ 0.005
15	乐　果	≤ 0.1
16	六六六（丙体）	≤ 0.002
17	DDT	≤ 0.001

（三）土质要求

不同的土质将直接影响小龙虾池塘的保水和保肥性能，因此在建设虾池时对土质有一定要求。下面介绍几种常见土壤的分类和性质，供选择场址时参考。黏质土壤保水性能好，不易漏水，水中的营养物质不易渗漏损失，有利于水体生物的生长、繁殖，但池塘容易板结，透气性不足，养殖废物的降解速度较慢。沙质土壤透气性好，但容易渗水，保水性能较差，常出现池壁崩塌现象，池塘保肥效果较差，池水容易清瘦，池塘生物量较少。因此，最适合建设虾池的土质是壤土，其次是黏土，沙土最差。土壤土质最简单的检测方法为抓一把挖出的新土，用力捏紧后摔向地面，着地后能大部分散开的是壤土；成团存在基本不能散开的是黏土；完全散开，几乎不成团的为沙土。壤土直接建池即可使用，而黏土和沙土均不宜直接建池使用，需要进行改造方能进行养殖。腐殖质土，含腐殖质 20% 以上的土为腐殖质土；含沙粒多的称沙质腐殖质土；含黏土多的称为黏质腐殖质土；

含石灰质多的称石灰质腐殖质土。沙质和石灰质腐殖质土较好，可用来造池。腐殖质土呈暗黑色，土中含氮丰富，对天然饵料形成有利，透水性小，较易造池。但腐殖质含量过高时，保水差，腐殖质大量分解时，易造成池水缺氧，产生有害气体，对小龙虾生长不利，应用生石灰对其进行改良。

综上所述，影响建场场址的因素是多方面的，一个地方满足所有要求是不大可能的，因此只要建场的主要条件如水源、水质、土质基本合乎要求，其他条件可以适当放宽，或加以改造，以适应建场的需要。

二、养殖场规划建设

（一）精养池塘建设

1. 土池养殖建设

（1）池塘整体规划　小龙虾不同生长阶段需要不同的配套池，亲虾池和幼苗培育池面积不宜过大，一般为0.5～2亩，水深1～1.5米；成虾池面积一般在5～10亩，水深1.5～2米甚至更深。

（2）池塘构造　小龙虾具有趋水性，所以喜欢生活在水中。小龙虾喜欢将半个身子露出水面呼吸，所以水中需要有附着物，常见的附着物为水花生、芦苇等水生植物。小龙虾喜阴，在夜间活动，所以养殖池塘中需要有躲避或遮掩物。小龙虾养殖池塘需要为其提供适应其

小龙虾养殖实用技术

生存的环境条件。目前小龙虾养殖池塘有很多种设计方案，主要有环沟型、平底型及洞穴型。

①环沟型小龙虾养殖池塘　见图3-1、图3-2。环绕池塘一周，有防逃网栏，网栏采用40～80目聚乙烯网或厚质塑料片或石棉瓦等材料，用木桩固定，土下埋置30厘米深，土上高度40～50厘米。网内池壁距离网栏2～3米为15°的缓坡，然后是60°的陡坡，坡底距中央平台底1米，形成池塘四周大环沟。池塘中央为中央平台，平台距离池底80厘米高，平台上有20厘米深的纵横沟槽与池塘四周的大环沟相通。

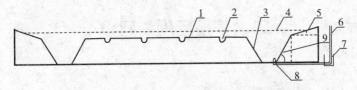

图3-1　环沟型小龙虾养殖池塘剖面图
1.中央平台　2.中央沟　3.环沟斜坡　4.水位线　5.池边斜坡
6.出水控水管　7.排水沟　8.出水管　9.环沟外斜坡

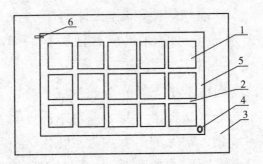

图3-2　环沟型小龙虾养殖池塘正面图
1.中央平台　2.中央沟　3.池边斜坡　4.出水管　5.大环沟　6.进水管

　　进水口和出水口分别在池塘对角，进水口处用 40 目网做成的过滤袋过滤大型生物。出水口处用直径为 110 毫米的排水管通到池外排水沟，池塘内侧的排水管口用漏水网罩罩住，排水管外侧用弯头向上，插上一根水管用于控制水位，当需要放水时拔出出水管，控水管可以用各种长度的水管，不同长度的水管可以控制池内不同深度的水位。

　　②平底型小龙虾养殖池塘　见图 3-3。池塘坡比 1 : 2～3，池埂宽 1.5～2 米，池底平整，最好是沙质底。池塘深 1.2～1.5 米，坡为壤土捶打紧实。池壁用 40～80 目聚乙烯网或厚质塑料片或石棉瓦等材料建成防逃网栏，网栏用木桩固定，土下埋置 30 厘米深，土上高度 40～50 厘米。池塘周围有充足良好的水源，建好进排水口，进水口加过滤网，防止敌害生物入池，同时防止青蛙等入池产卵，避免蝌蚪残食虾苗。

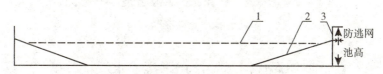

图 3-3　平底型小龙虾池塘示意图
1. 水面　2. 池坡　3. 防逃网

　　③洞穴型小龙虾养殖池塘　该型池体与平底型池塘相似，在池塘底部和四周设置大量的巢穴。巢穴材料可以为彩钢瓦、PVC 管道等。彩钢瓦巢穴做法为将彩钢瓦彼此堆起来，形成圆形孔洞即可。PVC 管巢穴做法为将

直径为 8～15 厘米的 PVC 管裁截成直径 30 厘米左右的短管，然后将 5～10 个短管捆成捆，放置于池塘底部和四周。

2. 网箱养殖池建设 在普通池塘或河道等水体中架设网箱开展小龙虾网箱养殖（图 3-4）。开展网箱养殖的区域要求水面开阔、水体较大，有一定流动性为佳，水体深度在 1.5 米以上，河道水流速度不超过 0.3 米／秒。

图 3-4　养殖网箱

在池塘四周或河道两岸用木棍或水泥柱打桩，每隔 2 米打 1 个桩位。然后用铁丝向一个方向拉紧固定好，使铁丝呈平行分布。在平行的两条线之间架设网箱。网箱采用 40 目的聚乙烯网片五面缝合成网箱。网箱的箱体材料采用无结节聚乙烯网片，网眼均匀，线紧而不移位，为敞口网箱，上面不封顶。网箱做成长方形，箱体深为 2 米，入水深度为 0.8～1.2 米，伸出水面 0.8 米左右用于防逃，网箱面积为 6 米^2。箱体用支架固定在水中，由于池塘风浪较小，支架多采用竹子或木棍，网箱悬挂在支架上，箱体之间相隔 1 米。一般呈"一"字形排列，两排箱之间间隔约 2 米，便于饵料投喂和日常管理操作。每亩水面放置 30 个网箱（总计 900 个），新制作的网箱需要在水里浸泡 15 天左右，一方面消除聚乙烯网片产生的气味，另一方面让网箱附着各种藻类，使质地变柔软。

（二）作物混养池塘建设

养虾稻田确定后，需辅以一定的设施。一是保证虾类有栖息、活动、觅食成长的水域；二是防止小龙虾逃逸，或施放农药、化肥和高温季节时有可避栖的场所，便于饲养管理和捕捞。

1. 加高加固田埂 田埂高度视稻田养虾类型、养殖对象、稻田原有地势以及当地的降水情况而定，可分别为 30～50 厘米、50～70 厘米、70～110 厘米等几种。轮作养虾稻田的田埂应比兼作养虾的高，常年降水量大的地区的田埂应比降水量小的地区高，冬囤水田养虾的田埂应高些。

2. 进排水口设置拦虾设备 进排水口最好开在稻田相对两角的田埂上，这样可使田内水流均匀、通畅。在进排水口上都要安装拦虾栅，防止逃虾。拦虾栅可用竹箔、化纤网片等制作。孔目大小视虾体大小而定，以不逃虾为准。拦虾栅的高度，上端需比田埂高 30 厘米左右，下端扎入田底 20 厘米，其宽度要与进、排水口相适应，安装后无缝隙。拦虾栅要做成弧形，凸面朝向田内，以增加过水面积。如能在拦虾栅前加一道拦栅设备则更理想。

3. 开挖虾沟、虾溜　设置虾沟、虾溜的目的是使虾在稻田晒田、施肥、洒农药时，通过虾沟集中至虾溜躲避；夏季水温较高时虾可避暑，抵御高温、伏旱；在日常管理中便于集中投饵喂养；收获时便于集中捕捞。

（1）**虾沟**　见图 3-5。虾沟是虾进入虾溜的通道，视虾溜设置的情况，一般宽、深各为 30～50 厘米，占稻田面积的 3％ 左右，主沟还可适当加深加宽。虾沟开挖可在插秧以后进行，挖出的秧苗补插在沟的两侧。虾沟应略向虾溜方向倾斜。

（2）**虾溜**　见图 3-5。虾溜是稻田中较深的水坑，一般开挖在田中央、进排水处或靠一边田埂，有利于虾的栖息活动，是水流通畅和易起捕的地方。虾溜形状随田的形状而不同，一般为长方形、方形、圆形。传统平板式稻田养虾的虾溜面积只占稻田总面积的 1％ 左右。现在的稻田养虾在虾溜的基础上发展成小池、虾函、宽沟等，形成了沟池稻田养虾、虾函式稻田养虾和宽沟稻田养虾等多种形式，并使沟中的水变活，成为流水沟式稻田养虾。溜、池、函、沟等水面占稻田面积的 5％～8％，水深 0.5～1.0 米。面积小的稻田只需开挖一个虾溜，面积大的可开挖两个。

（3）**开垄**　挖沟开垄时可挖窄垄（图 3-6）或宽垄

（图 3-7）。垄上插秧，垄沟与虾沟、虾溜相通，便于虾活动。

4. 建立"平水缺" "平水缺"的作用是使田间保持水稻不同生长发育阶段所需要的水深，尤其在雨季，田间过多的水可从"平水缺"流出，避免雨水漫过田埂而逃虾。"平水缺"可与排水口结合，在排水口处用砖砌成，口宽 30 厘米左右。"平水缺"做好后还应安装拦

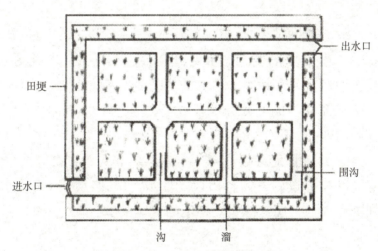

图 3-5　虾沟与虾溜示意图

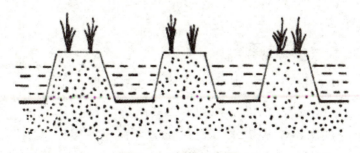

图 3-6　窄垄示意图

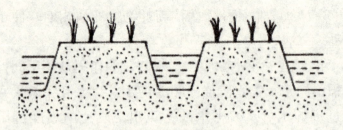

图 3-7　宽垄示意图

虾棚。

5. 搭棚遮阳　稻田养虾还应搭棚遮阳。稻田水浅，夏季水温变化幅度大，水温过高会影响虾的正常生长，甚至引起死亡。因此，可以在朝西一端的溜、凼、宽沟上搭设凉棚，棚上栽种瓜藤豆类，这样还可提高稻田综合利用效益。

6. 排灌设施建设　对成规模的养虾稻田，有必要修建公共排灌设施，使各田块能从水沟单独进水，又可分别排水入沟，使虾在相对稳定的水体中生活。

三、养殖场设施准备

（一）进水系统

1. 进水方式　池塘的进水方式有两种：

一种是直接进水，即通过水位差或用水泵直接向池塘内加水，这种进水方式只能适合在池塘接近水源的情况。在进水时为避免有害生物进入池塘，往往在进水口或在水泵底部和出水口周围加过滤网，过滤网一般可选择网眼 0.95（20 目）～0.42 毫米（40 目）的筛绢，做成一口径为 30～50 厘米、长 4～5 米的筒形（图 3-8），筛绢的边缘要用棉质布包边，网的一端缝上棉绳，牢牢系在进水口处，另一端扎成一活络结，需要时便于取出过滤到的杂物。

　　另一种是间接进水，即用水泵将水泵入蓄水池，经过沉淀、过滤、曝气、增氧或消毒后再进入池塘。这种进水方式由于对水进行了处理，进入池塘的水质相对好，溶解氧充足，野杂鱼以及其他有害生物经过几次过滤后即基本除净，并且经消毒后病原大大减少。因此，这种进水方式特别适用于虾苗孵化池、虾苗培育池和产卵池。

　　2. 水泵配备　生产上常用的水泵有潜水泵（图 3-9）、离心泵（图 3-10）和混流水泵（图 3-11）3 种类型。离心泵适用于水源与池塘高程差较大的情况，扬程高，一

图 3-8　过滤筛绢

图 3-9　潜水泵

图 3-10　离心泵

图 3-11　混流水泵

般达 10 米以上；而混流泵扬程不高，一般不超过 5 米，但相同功率出水量比离心泵大。离心泵和混流泵安装和搬运较困难，常将其固定在一定的位置，一般每千瓦功率水泵可以供 15～20 亩池塘的用水。而潜水泵体积小，重量轻，安装搬动方便，加上该种水泵的机型较多，便于选择，目前，生产上用得比较普遍。

蓄水池常用石块、砖或混凝土砌成，为长方形、多角形或圆形。大多采用二级蓄水，前一级主要是沉淀泥沙与清除较大的杂物，对大型浮游生物以及野杂鱼类等进行粗过滤，过滤用筛绢网目为 0.95 毫米（20 目）左右；二级蓄水池主要是增氧和对小型浮游生物进行再过滤，过滤网目一般为 0.42 毫米（40 目）左右。蓄水池的容积主要根据生产需要确定。

池塘的进水渠分明沟和暗管 2 种类型。明沟多采用水泥槽、水泥管，也可采用水泥板或石板护坡结构（图 3-12），断面呈梯形，深 50 厘米，底宽 30～40 厘米，比降为 0.05%、也可为直径 50 厘米的半圆形等。暗管多采用 PVC 管或水泥管（图 3-13），直径 100～300 毫米，池塘的进水口多采用直径 100 毫米左右的 PVC 管。管口高于池塘水面 20～30 厘米。为了防止雨天池塘水面上升或因其他原因造成虾逃跑，还应在池塘四周设 50 厘米高的拦虾网，防止跑虾或窜池。

图 3-12　明　沟

图 3-13　U 形暗渠

（二）排水系统

池塘排水是池塘清整、池水交换和捕捞必须进行的工作。如果池塘所在地势较高，可以在池底最深处设排水口，将池水经过排水管进入排水沟进而直接排入外河。排水管常采用管径为 110 毫米左右的 PVC 管。排水口要用网片扎紧，以防虾逃逸。排水管也可采用一定直径的水泥管。排水管通入排水沟，排水沟一般为梯形或方形，宽 1～2 米。排水沟底应低于池塘底部。如池塘地势较低，没有自流排水能力，生产上可用潜水泵进行排水。

（三）增氧系统

精养池养虾放养密度较大，产量高，有时因天气等原因很容易缺氧，导致饵料利用率低，严重时甚至出现死亡。为了防止池塘缺氧，进行池塘水质的改良，精养池须配备增氧机。

增氧机的类型较多，常见的有叶轮式、喷水式和水车式、微孔增氧机等多种类型。增氧机的增氧能力和负荷面积可参照表 3-2 的有关参数选用。

表 3-2   叶轮式增氧机的增氧能力与负荷面积

型 号	电机功率（千瓦）	增氧能力（千克/小时）	负荷面积（亩）
ZY3g	3	≥ 4.5	7～12
ZY1.5g	1.5	≥ 2.3	4～7
ZY0.75g	0.75	≥ 1.2	0.5～3
YL-3.0	3	≥ 4.5	7～12
YL-2.2	2.2	≥ 3.4	4～9
YL-1.5	1.5	≥ 2.3	4～6

每亩配备的增氧机功率与池塘单位面积虾产量有关，即随着预计产量的提高，每亩配备的增氧机的功率增大。如每亩虾单产在 100 千克以下一般不需配备增氧机；单产在 200 千克则配备的增氧机功率为 0.2～0.3 千瓦/亩；单产在 300 千克/亩以上时，则配备增氧机 0.3～0.5 千

瓦/亩。

（四）投饵系统

目前小龙虾养殖投饵方式既有采用直接向池塘中投喂的，又有采用投饵台投喂的，又有少数使用投饵机投喂。食台是小龙虾养殖的人工投饵点，是小龙虾集中摄食的场所。食台的选择与使用，直接关系到养殖投喂效果的优劣，进而影响到养殖经济效益的高低。对于小龙虾养殖来说，食台是个不容忽视的问题。食台的种类从结构、造型讲，可分为平面食台和兜形食台两类。其中，平面食台主要有圆形、椭圆形、矩形等；兜形食台，主要有抽屉式、框式、箱式等形式。目前，市场小龙虾食台大多为定置食台，其缺点是不能因水位变化灵活地调节食台高度，不能及时掌握虾摄食和生长情况，饲料利用率低。杨金林等设计了升降式投饵台，包括框架，还包括连接于框架构成框的网片，特点是在框架的上边框两端设置有支架。支架通过一端所设的套管与上边框活动连接。该投饵台由于支架活动连接于食台框架，因此，可根据水位高低，调整支架与框架之间角度，达到调节食台高低的目的，适应小龙虾生活习性要求，能及时掌握小龙虾摄食情况，合理确定饲料投放量，既保证饲料量能够满足小龙虾生长需要，又不会多投而造成饲料的浪费，减少了传统全池投喂饲料的盲目性，提高了饲料利用率。

第四章
小龙虾营养与饲料

一、小龙虾营养需要

小龙虾在生长过程中，对食物的选择性不强，植物性饲料、动物性饲料均能摄食。传统养殖方式下主要给小龙虾投喂剩菜、动物下脚料等。小龙虾养殖在我国兴起之后，对饵料的需要量也越来越大。投喂屠宰场下脚料容易导致小龙虾疾病，同时饵料数量难以长期保持，质量也参差不齐。所以饲料成为龙虾养殖生产的一个瓶颈，是迫切需要解决的问题。经过各大饲料厂和科研人员数年的努力，现在已经开发出一些小龙虾专用配合饲料产品，促进了小龙虾养殖的发展。

（一）蛋白质

1. 蛋白质需要量 小龙虾在不同生长阶段对配合饲料中蛋白质的需要量不同。一般认为平均体长 1.5～4.0 厘米的幼虾，其配合饲料中的粗蛋白质适宜含量为 39%～42%，该期生长过程中粗蛋白质为第一限制因素，幼虾平均日生长率和平均日增重率较好。

吴东等研究发现，体长 4～6 厘米、体重 18～19.5 克的小龙虾，饲料中粗蛋白质含量 27% 时，小龙虾的增重率、出肉率和虾黄率最高；当饲料中粗蛋白质含量为 33% 时，饵料系数最低。因此，体重 18～19.5 克的小龙虾饲料中粗蛋白质水平以 27%～33% 比较适合。

平均体重为 2 克以下的小龙虾饲料中粗蛋白质的适宜水平为 20% 左右；2～5 克的育成前期小龙虾，饲料中粗蛋白质适宜水平为 26%～30%；5～10 克的育成期小龙虾，饲料中粗蛋白质适宜水平为 30%～38%，平均体重为 10 克以上育成期小龙虾，饲料中粗蛋白质适宜水平为 27%～33%。

2. 氨基酸需要量 小龙虾将从饲料中获取的蛋白质消化成肽、氨基酸等小分子化合物后才能最终转化为虾机体组织。组成虾机体的氨基酸中，精氨酸、组氨酸、赖氨酸、亮氨酸、异亮氨酸、蛋氨酸、苯丙氨酸、苏氨酸、色氨酸和缬氨酸为必需氨基酸。其中赖氨酸和精氨酸有拮抗性，一般认为赖氨酸与精氨酸的比例应保持 1：1。

小龙虾的氨基酸需要量可以参照鱼类氨基酸的需要量的研究结果。分析小龙虾肌肉的必需氨基酸含量，并以此为基础计算饲料含粗蛋白质为 45%、40%、35% 及 28% 时的必需氨基酸需要量，以蛋氨酸为 1，其他必需氨基酸作相应的换算，得出小龙虾各必需氨基酸之间的比值，结果见表 4-1。

表 4-1　小龙虾饲料必需氨基酸需求量模式

项目	必需氨基酸含量（%）		氨基酸比值（%）		对应氨基酸含量（%）			
	前期	后期	前期	后期	45%	40%	35%	28%
蛋白质	88.64	92.13						
苏氨酸	3.121	3.256	1.29	1.29	1.58	1.41	1.24	0.99
缬氨酸	5.038	4.748	2.09	1.89	2.56	2.27	1.80	1.44
蛋氨酸	2.414	2.518	1.00	1.00	1.23	1.09	0.96	0.77
异亮氨酸	3.763	3.922	1.56	1.56	1.91	1.70	1.49	1.19
亮氨酸	6.172	6.544	2.56	2.60	3.13	2.79	2.44	1.99
苯丙氨酸	3.412	3.680	1.30	1.46	1.73	1.54	1.80	1.12
赖氨酸	6.068	6.517	2.51	2.59	3.08	2.94	2.48	1.98
组氨酸	1.679	1.803	0.75	0.72	0.85	0.76	0.68	0.55
精氨酸	7.502	7.952	3.11	3.16	3.81	3.39	3.02	2.42
色氨酸	未分析							

注：氨基酸比值计算的方法为，以蛋氨酸为基本量，其他氨基酸含量除以蛋氨酸含量而得。

（二）脂类及碳水化合物

脂类物质是重要的能量和必需脂肪酸来源，同时还是脂溶性维生素的载体，其中的磷脂在细胞膜结构中起重要的作用；胆固醇是各种类固醇激素的前体，具有重要的生理作用。

张家宏等研究了脂类含量在 4%～8% 水平的饲料喂养下 1.5 克左右小龙虾生长情况，发现脂类含量为 4% 和

8%时，饵料系数较高；含量6%时饵料系数最低。何亚丁等研究发现，初始体重为8.15±0.03克的小龙虾对脂肪的需求量在7%左右。目前虾对脂类还没有一个明确的需求量，一般认为6%～7.5%为宜，一般不超过10%。同时必须注意亚油酸、亚麻酸等的添加，因为二者在虾体内不能合成，是虾的必需脂肪酸。脂肪酸在促进虾体生长、变态、繁殖过程中有重要作用，高水平的高不饱和脂肪酸还能增加幼体抗逆能力，对增重的贡献大小依次为亚麻籽油、豆油、硬脂酸、椰子油、红花油。

胆固醇是虾所必需的，这可能是甲壳动物脂肪营养最为独特的一个方面。据诸多学者对斑节对虾、长毛对虾、日本对虾等多种虾的研究结果来看，小龙虾饲料中胆固醇的添加量以1%左右为宜。

虾饲料中需要磷脂，特别是磷脂酰胆碱，这在各种对虾如日本对虾幼体和后幼体、长毛对虾的幼虾、斑节对虾和中国对虾中已得到证明。在所报道的各种对虾中，饲料中磷脂的添加水平为0.84%～1.25%。以此推测，小龙虾饲料中磷脂的添加量在1%左右为宜。

小龙虾具有较强的杂食性，不同的生长阶段对饵料营养素消化代谢表现也不同。在幼虾期（3.5厘米）以前，偏动物食性，对饵料蛋白质、脂肪要求较高，对无机盐、糖要求较低；随着虾体的增长，逐步转为草食和肉食性，能够有效地利用碳水化合物。粗蛋白质和粗脂肪皆随虾体的增长而减少；而糖的需求量则随虾体的增长而增多，幼虾期22%，育成前期26%，至育成中期增为30%。虾体内虽然存在不同活性的淀粉酶、几丁质分解酶和纤维素酶等，但其利用糖类的能力及对糖类的需要量均低于鱼类。虾饲料中糖类的适宜含量为20%～30%。研究表明，饲料中少量的纤维素有利于虾肠胃的蠕动，能减慢食物在肠道中的通过速度，有利于其他营养素的吸收利用。另据报道，认为甲壳质是虾外骨骼的主要结构成分，对虾的生长有促进作用，建议小龙虾饲料中甲壳质的最低水平为0.5%。何亚丁等研究发现，初始体重为8.15±0.03克的小龙虾对脂肪的需求量在7%左右，饲料中脂肪与糖类的适宜比例为1.00∶3.85。

因此，建议小龙虾幼虾期饲料中粗脂肪7%～8%，糖22%，脂肪与糖类的适宜比例为1.00∶3.85。育成前期粗脂肪7%～8%，糖26%，该期生长过程中混合无机盐为第一生长限制因素；育成期粗脂肪6%，糖30%，该期生长过程中粗脂肪为第一生长限制因素。

（三）维 生 素

维生素是分子量很小的有机化合物，分为脂溶性维生素和水溶性维生素。绝大多数维生素是辅酶和辅基的基本成分，它参与动物体内生化反应及各种新陈代谢。动物体内缺乏维生素便引起某些酶的活性失调，导致新陈代谢紊乱，也会影响生物体内某些器官的正常功能。维生素缺乏时生长缓慢，并出现各种疾病。

根据相关研究结果，虾类所需要的维生素有15种，其中脂溶性维生素 4 种，水溶性维生素 11 种。关于小龙虾对维生素的需求，笔者收集了一些学者的研究成果，现列出供参考。

（1）虾类饵料中各种维生素的推荐用量见表 4-2。

表 4-2　虾类饵料中各种维生素的推荐用量表 （毫克／千克）

种　类	用　量	种　类	用　量
维生素 B_1	50	维生素 B_{12}	0.1
维生素 B_2	40	维生素 C	1000
维生素 B_6	5	烟　酸	200
泛　酸	75	维生素 E	200
生物素	1	维生素 K_3	5
胆　碱	400	维生素 A（国际单位）	10000
肌　醇	300	维生素 D_3（国际单位）	5000
叶　酸	10		

（2）复合维生素（‰）：维生素 C 24，维生素 E 24，维生素 A 238，维生素 D_3 135，维生素 K3 1.12，维生素 B_1 1.12，维生素 B_2 1.12，维生素 B_6 2.4，维生素 B_{12} 0.02，烟酸 4.5，叶酸 0.6，泛酸钙 23，肌醇 45，生物素 0.12。

（四）无机盐类

无机盐是构成小龙虾骨骼所必需的，又是构成细胞组织不可缺少的物质。它还参与调节渗透压和酸碱度，参与辅酶代谢作用，参与造血和血色素的形成，如缺乏无机盐类，不但影响生长发育，也会引起一些疾病。

1. 常量矿物元素需要量　小龙虾对常量矿物元素的营养需要情况看，规模化养殖的小龙虾除由水中吸收一部分钙外，机体所需的大部分钙必须由饲料中获得。钙、磷是甲壳类动物的重要营养元素，对虾蟹类的生长、蜕壳和健康具有重要的意义。小龙虾的生长主要是通过蜕皮来实现的。虾壳的主要成分为钙、磷等矿物质。在蜕皮过程中会损耗大量的矿物元素，许多矿物元素必须通过饲料的补充才能满足其需要。因此，饲料中钙磷含量的不同会影响虾壳对钙、磷的吸收，从而影响其蜕壳、生长及其他物质代谢等。钙磷比对小龙虾成活率影响不显著，但对虾类的增长率和增重率影响显著。钙磷比对平均日增长率和增重率的影响优劣顺序依次为：1:1、2:1、3:1、1:2、1:3，呈明显的规律性变化；但随钙磷比的增大或减小，生长逐渐变慢。统计表明，钙磷比为1:1时获得的增长率和增重率最高。虾类对钙、磷含量的需求不尽相同。

养好小龙虾，必须在饲料中添加适量的钙和磷。此外，虾类能依靠鳃、肠等器官从养殖水体中吸收矿物质。因而其饲料中矿物质的适宜添加量应根据养殖环境的不同而变化。小龙虾饵料中总钙、磷含量不超过 3.5%；钙磷比以仔虾（平均体长 7 毫米）1:2.5～3.5，生长虾（平均体长 5.5 毫米）1:1～1.7 为宜。小龙虾饲料中钙添加水平 1.5%，磷添加水平 1.0% 时，效果最佳。

2. 微量矿物元素需要量 吴东等对小龙虾硒的营养需求做了研究，认为当饵料中硒含量为 0.2～0.4 毫克/千克时生长最好。另据王井亮等的试验结果推断：饵料中加有机硒（酵母硒），能生产富硒虾肉；饵料中加无机硒（亚硒酸钠），可能难以生产富硒虾肉。

小龙虾矿物质参考配方（‰）：硫酸镁 25，硫酸亚铁 7.5，氯化钾 117.82，氯化钙 211，氯化钠 132.5，碘化钾 0.07，硫酸锌 5，硫酸锰 0.35，硫酸铜 0.38，亚硒酸钠 0.03，氯化钴 0.35。

3. 不同饲料添加剂对小龙虾的影响 吴东等研究了用益生素、大蒜粉和"益生素＋大蒜粉"替代土霉素添加到小龙虾日粮中，观察它们对小龙虾生长性能和虾肉品质的影响。结果表明：益生素、大蒜粉和"益生素＋大蒜粉"组只均增重比土霉素组分别高 3.14%（$P > 0.05$）、12.11%（$P > 0.05$）和 17.94%（$P < 0.05$）；增长各试验组间差异不显著（$P > 0.05$）；成活率方面是益生素组比土霉素组高；饲料系数各试验组间差异都不显著（$P > 0.05$）。益生素、大蒜粉和"益生素＋大蒜粉"组的出肉率比土霉素组分别高 0.50%、11.82% 和 16.83%（$P > 0.05$）。

何金星等研究了在小龙虾饲料中添加 0～8% 共 6 个梯度的螺旋藻，投喂成年及幼龄虾，并测定其各项生长性能指标。试验结果表明：适量螺旋藻能促进小龙虾生长，2% 螺旋藻添加量对成虾增重率和不同虾龄小龙虾的含肉率提升作用最为明显。

二、小龙虾饲料及投喂技术

在小龙虾养殖中，饲料占养殖总成本 70% 左右，饲料的质量关系到商品虾的品质。因此，在满足小龙虾营养需求的前提下，选用价廉物美的饲料，进行科学投喂，才能达到提高养殖产量和经济效益的目的。

（一）小龙虾的食性及摄食特点

1. 小龙虾的食性　小龙虾为杂食性虾类。刚孵出的幼体以其自身卵黄为营养；幼体能滤食水中的藻类、轮虫、腐殖质和有机碎屑等；幼体能摄取水中的小型浮游动物，如枝角类和桡足类等。幼虾具有捕食水蚯蚓等底栖生物的能力。成虾的食性更杂，能捕食甲壳类、软体动物，水生昆虫幼体，水生植物的根、茎、叶，以及水底淤泥表层的腐殖质及有机碎屑等。小龙虾在野生条件下以水生植物和有机碎屑为主要食物。

2. 小龙虾的摄食特点　一是小龙虾的胃容量小、肠道短，因此必须连续不断地进食才能满足生长的营养需求。二是小龙虾的摄食不分昼夜，但傍晚至黎明是摄食高峰。三是长期处于饥饿状态下的小龙虾将出现蜕壳激素和酶类分泌的混乱，一旦水温升高或水质变化时就会出现蜕壳不遂并大批量死亡。四是在饵料不足的情况下，小龙虾有相互残杀的现象。五是小龙虾的摄食强度在适温范围内随水温的升高而增强，水温低于 8℃时摄食明显减少，但在水温降至 4℃时，小龙虾仍能少量摄食；水温超过 35℃时，其摄食量出现明显下降。

（二）小龙虾饲料配制基本原则

1. 营养原则

（1）**以营养需要量为依据**　根据小龙虾的生长阶段选择适宜的营养需要量，并结合实际小龙虾养殖效果确定日粮的营养浓度，至少要满足能量、蛋白质、钙、磷、食盐、赖氨酸和蛋氨酸这几个营养标准。同时要考虑水温、饲养管理水平、饲料资源及质量、小龙虾健康状况等诸多因素的影响，对营养需要量灵活运用，合理调整。

（2）**注意营养的平衡**　配合日粮时，不仅要考虑各种营养物质的含量，还要考虑各营养素的平衡，即各营养物质之间（如能量与蛋白质、氨基酸与维生素、氨基酸与矿物质等）以及同类营养物质之间（如氨基酸与氨基酸、矿物质与矿物质）的相对平衡。因此，饲料搭配要多元化。充分发挥各种饲料的互补作用，提高营养物质的利用率。

（3）**适合小龙虾的营养生理特点**　科学的饲料配方其所选用的原料应适合小龙虾的食欲和消化生理特点，所以要考虑饲料原料的适口性、容积、调养性和消化性等。小龙虾不能较好地利用碳水化合物，摄入过多的碳水化合物易发生脂肪肝，因此应限量。胆固醇是合成龙虾蜕壳激素的原料，饲料中必须提供。卵磷脂在脂溶性成分（脂肪、脂溶性维生素、胆固醇）的吸收与转运中起重要作用，饲料中一般也要添加。

2. 经济原则 小龙虾养殖过程中，饲料费用占养殖成本的 70% ～ 80%。因此，在设计配方时，必须因地制宜、就地取材，充分利用当地的饲料资源，制定出价格适宜的饲料配方。另外，可根据不同的养殖方式设计不同的饲料配方，最大限度地节省饲料成本。此外，开拓新的饲料资源也是降低成本的途径之一。

3. 安全卫生原则 在设计配方过程中，应充分考虑饲料的安全卫生要求。所用的饲料原料应无毒、无害、无霉变、无污染，玉米、米糠、花生饼、棉仁饼因脂肪含量高，容易发霉感染黄曲霉并产生黄曲霉毒素，损害小龙虾的肝脏，因此要妥善贮藏。此外，还应注意饲料原料是否受农药和其他有毒有害物质的污染。

饲料必须安全可靠。所选用原料品质必须符合国家有关标准，有毒有害物质含量不得超出允许限度；不影响饲料的适口性；在饲料与小龙虾体内，应有较好的稳定性；长期使用不产生急、慢性毒害等不良影响；在饲料产品中的残留量不能超过规定标准，不得影响上市成虾的质量和人体健康；不得导致亲虾生殖生理的改变或繁殖性能的损伤；活性成分含量不得低于产品标签标明的含量，产品不得超过有效期。

设计饲料配方主要有以下步骤：确定饲料原料种类→确定营养需求量→查饲料营养成分表→确定饲料用量范围→查饲料原料价格→建立线性规划模型并计算结果→得到一个最优化的饲料配方。

（三）小龙虾天然饵料

1. 动物性饵料 小龙虾爱吃的动物性饵料很多，特别是具有较浓腥味的死鱼、猪、牛、鸡、鸭、鱼肠等下脚料，另外，螺类、蚌、蚯蚓、水蚯蚓等，也都是龙虾喜食的较好的活体动物饵料。其动物性饵料还有干小杂鱼、鱼粉、虾粉、螺粉、蚕蛹粉、猪血、猪肝肺等。

2. 植物性饵料 包括浮游植物、水生植物的幼嫩部分、浮萍、谷类、豆饼、米糠、豆粉、麦麸、菜籽饼、植物油脂类、啤酒糟等。

在植物性饵料中，豆类是优质的植物蛋白源，特别是大豆，粗蛋白质含量高达干物质的 38%～48%，豆饼中的可消化蛋白质含量也可达到 40% 左右。作为虾类的优质的植物蛋白源，不仅是因为大豆含蛋白量高，来源广泛，更重要的是因为其氨基酸组成与虾体的氨基酸组成成分比较接近。由于大豆粕含有胰蛋白酶抑制因子，需要用有机溶剂和物理方法进行破坏。对于培养虾的幼体来说，大豆所制出的豆浆是极为重要的饵料，与单胞藻类、酵母、浮游生物等配合使用，是良好的初期蛋白源。

菜籽饼、棉籽饼、花生饼、糠类、麸类都是优良的蛋白质补充饲料，适当的配比有利于降低成本和满足虾类的营养要求。

一些植物含有纤维素，由于大部分虾类消化道内具有纤维素酶，能够利用纤维素，所以虾类可以有效摄食消化一些天然植物的可食部分，并对生理功能产生促进作用。特别是很多水生植物干物质中含有丰富的蛋白质、B 族维生素、维生素 C、维生素 E、维生素 K、胡萝卜素、磷和钙，营养价值很高，是提高小龙虾生长速度的良好天然饵料。

植物性饵料中最好的还是以陆地的黄豆、南瓜、米糠、麦麸、豆渣、红薯以及水中的鸭舌草、眼子菜、竹叶菜、水葫芦、丝草、苦草等为好，因为这些植物可以利用空闲地与虾池同时人工种植，供小龙虾食用。

小龙虾饵料一般是植物性饵料占 60% 左右，动物性饵料占 40% 左右。植物性饵料中，籽实类与草类各占一半，大约 30%。在饲养过程中，根据大、中、小（幼虾）的实际情况，对动、植物饵料合理搭配，并做适当的调整。

（四）配合饲料

人工配合饲料则是将动物性饵料和植物性饵料按照小龙虾的营养需求，确定比较合适的配方，再根据配方混合加工而成的饲料，其中还可根据需要适当添加一些矿物质、维生素和防病药物，并根据小龙虾的不同发育阶段和个体大小制成不同大小的颗粒。在饲料加工工艺中，必须注意小龙虾为咀嚼型口器，不同于鱼类吞食型口器，因此配合饲料要有一定的黏性，制成条状或片状，以便于小龙虾摄食。下面是不同生产者研发的小龙虾饲料配方，供参考。

1. 商品饲料 小龙虾人工配合饲料配方，仔虾饲料蛋白质含量要求达到 20%～26%，育成虾饲料蛋白质含量在 30%～38%，成虾的饲料蛋白质含量要求达到 30%～33%。

（1）仔虾饲料

①粗蛋白质含量 37.4%，各种原料配比为：秘鲁鱼粉 20%，发酵血粉 13%，豆饼 22%，棉仁饼 15%，次粉 11%，玉米粉 9.6%，骨粉 3%，酵母粉 2%，复合维生素 1.3%，蜕壳素 0.1%，淀粉 3%。

②碳水化合物饲料 60 份，蛋白质饲料 30～40 份，矿物质饲料 5～8 份，复合维生素 1～3 份。具体配方为：玉米粉 10 份，次粉 3～5 份，酵母粉 0.5 份，淀粉 3 份，小麦粉 5～10 份。

配方案例：Ⅰ.玉米粉 10 份，次粉 3 份，酵母粉 0.5 份，淀粉 3 份，小麦粉 5 份。Ⅱ.玉米粉 10 份，次粉 4 份，酵母粉 0.5 份，淀粉 3 份，小麦粉 8 份。Ⅲ.玉米粉 10 份，次粉 5 份，酵母粉 0.5 份，淀粉 3 份，小麦粉 10 份。

③鱼粉 20%～32%，豆粕 15%～30%，面粉 8%～12%，麸皮 6%～10%，玉米粉 6%～10%，混合油（鱼油∶豆油为 1∶1）0.5%～5.4%，米糠 2%～30.8%，复合维生素 1%～2%，复合矿物质 2%～3%，黏合剂 0.5%，蜕壳素 0.05%～0.1%，食盐 0.5%～1%。复合维生素每千克含维生素 A 105 万国际单位，维生素 D 332 万国际单位，维生素 E 2 500 毫克，维生素 K 3 900 毫克，维生素 B_1 1 000 毫克，维生素 B_2 1 800 毫克，维生素 B_6 900 毫克，维生素 B_{12} 120 毫克，维生素 C 18 000 毫克，烟酸 9 000 毫克，叶酸 400 毫克，生物素 8 毫克。复合

矿物质中各物质重量百分比含量为，磷酸二氢钙 73.5%，碳酸钙 0.046%，硫酸铜 2.1%，硫酸亚铁 0.785%，氧化铁 2.5%，硫酸锰 0.835%，碘化钾 0.001%，磷酸二氢钾 8.1%，硫酸钾 6.8%，磷酸二氢钠 5.2%，硫酸锌 0.133%。

④秘鲁鱼粉 18～22 份，发酵血粉 10～16 份，豆饼 20～24 份，棉仁饼 13～17 份，次粉 9～13 份，玉米粉 9～10 份，骨粉 2～4 份，酵母粉 1～3 份，复合维生素 1～2 份，蜕壳素 0.05～0.15 份，淀粉 2～4 份。

配方案例：秘鲁鱼粉 20 份，发酵血粉 13 份，豆饼 22 份，棉仁饼 15 份，次粉 11 份，玉米粉 9.6 份，骨粉 3 份，酵母粉 2 份，复合维生素 1.3 份，蜕壳素 0.1 份，淀粉 3 份。

（2）育成虾饲料（按重量千分比计）

①豆粕 250，鱼粉 200，次粉 290，玉米 100，α 淀粉 20，鱼油 20，磷脂油 10，磷酸二氢钙 10，复合维生素 20，发酵虾壳粉 80、破壁酵母粉 30 和经过包埋的纤维素酶 0.001。

②豆粕 250，鱼粉 240，次粉 270，棉粕 40，玉米 40，复合维生素 20，α 淀粉 20，鱼油 20，磷脂油 10，磷酸氢钙 10，破壁酵母粉 30，经过包埋的纤维素酶 0.001，发酵虾壳粉 50。

③豆粕 250，鱼粉 200，次粉 290，棉粕 30，玉米 70，复合维生素 20，α 淀粉 20，鱼油 20，磷脂油 10，磷酸二氢钙 10，破壁酵母粉 30，经过包埋的纤维素酶

0.001，发酵虾壳粉50。

④豆粕200，鱼粉250，次粉290，棉粕30，玉米70，发酵虾壳粉50，复合维生素20，α淀粉20，鱼油20，磷脂油10，磷酸二氢钙10，破壁酵母粉30和经过包埋的纤维素酶0.001。

⑤豆粕230，鱼粉200，次粉260，棉粕30，玉米70，α淀粉20，鱼油20，磷脂油10，磷酸二氢钙10，复合维生素20，破壁酵母80，发酵虾壳粉50，经过包埋的纤维素酶0.001。

⑥豆粕250，鱼粉200，次粉250，棉粕30，玉米90，α淀粉20，鱼油20，磷脂油10，磷酸二氢钙10，复合维生素20，破壁酵母粉50，发酵虾壳粉50，经过包埋的纤维素酶0.001。

⑦豆粕250，鱼粉200，次粉280，棉粕30，玉米50，α淀粉20，鱼油20，磷脂油10，磷酸二氢钙10，复合维生素20，破壁酵母粉50，发酵虾壳粉60，经过包埋的纤维素酶0.001。

⑧豆粕230，鱼粉200，次粉290，棉粕30，玉米70，α淀粉20，鱼油20，磷脂油10，磷酸二氢钙20，复合维生素20，破壁酵母粉40，发酵虾壳粉50，经过包埋的纤维素酶0.001。

⑨豆粕200，鱼粉200，次粉290，棉粕30，玉米70，α淀粉20，鱼油20，磷脂油10，磷酸二氢钙20，复合维生素20，破壁酵母粉60，发酵虾壳粉60，经过包埋的纤维素酶0.001。

⑩豆粕 250，鱼粉 220，次粉 300，棉粕 30，玉米 60，α 淀粉 20，鱼油 20，磷脂油 10，磷酸二氢钙 10，复合维生素 20，破壁酵母粉 30，发酵虾壳粉 30，经过包埋的纤维素酶 0.001。

⑪豆粕 200，鱼粉 250，次粉 310，棉粕 30，玉米 50，α 淀粉 20，鱼油 20，磷脂油 10，磷酸二氢钙 10，复合维生素 20，破壁酵母粉 40，发酵虾壳粉 40，经过包埋的纤维素酶 0.001。

原料先经过烘干机烘干，烘干温度为 60～70℃，烘干时间为 2～3 小时，加入发酵虾壳粉，再经饲料粉碎机进行超微粉碎，使原料细度达到 100 目。经超微粉碎混合均匀的豆粕、鱼粉、次粉、棉粕和玉米中加入纤维素酶，将上述物料搅拌混合。纤维素酶的活力为 20 万国际单位。将混合均匀后的混合物料在调质器内经 90℃的蒸汽熟化 3 分钟，再由颗粒饲料机制成直径 1.0 毫米的颗粒饲料。将制成的颗粒饲料再在 70℃的后熟化器内烘干 30 分钟，使水分控制在 20%，冷却后即可包装成产品。

（3）成虾饲料

①秘鲁鱼粉 5%，发酵血粉 10%，豆饼 30%，棉仁饼 10%，次粉 25%，玉米粉 10%，骨粉 5%，酵母粉 2%，复合维生素 1.3%，蜕壳素 0.1%，淀粉 1.6%。饲料粗蛋白含量 30.1%，其中豆饼、棉仁饼、次粉、玉米等在预混前再次粉碎，制粒后经 2 天以上晾干，以防饲料变质。饲料配方中，另加占总量 0.6% 的水产饲料黏合剂，以增

加饲料耐水时间。

②鱼粉 8～15 份，肉骨粉 10～20 份，豆粕 15～25份，菜籽粕 0～6 份，花生粕 5～15 份，面粉 15～30份，米糠 2～5 份，乌贼膏 1～5 份，虾糠 2～5 份，磷酸二氢钙 1～3 份，蜕壳素 0.1～0.5 份，沸石粉 1～3 份，氯化胆碱 0.2～0.4 份，甜菜碱 0.2～0.5 份，黏结剂 0.3～0.5 份，食盐 0.3～0.5 份，混合油（鱼油:豆油:猪油＝2～3:1:1）2～5 份，大黄蒽醌提取物 100～400 毫克/千克，复合维生素 1～3 份。

③豆饼粉 19 份，全小麦粉 19 份，鱼粉 7 份，菜籽饼粉 11 份，棉籽饼粉 9 份，米皮糠 10 份，玉米粉 8 份，动物内脏干粉 8 份，鱼油 1.5 份，沸石粉 1.42 份，氯化胆碱 1 份，复合矿物质粉 2.2 份，蜕壳粉 1.45 份，复合维生素 0.3 份，食盐 0.05 份，抗氧化剂 0.03 份，防霉剂 0.05 份。

④豆饼粉 21.5 份，全小麦粉 16 份，鱼粉 9 份，菜籽饼粉 9 份，棉籽饼粉 11 份，米皮糠 8 份，玉米粉 9.5份，动物内脏干粉 6 份，鱼油 2 份，沸石粉 1.92 份，氯化胆碱 1.5 份，复合矿物质粉 1.5 份，蜕壳粉 1 份，复合维生素 0.2 份，食盐 0.15 份，抗氧化剂 0.03 份，防霉剂 0.05 份。

⑤豆饼粉 20 份，全小麦粉 17 份，鱼粉 8 份，菜籽饼粉 10 份，棉籽饼粉 10 份，米皮糠 8.5 份，玉米粉 8.5份，动物内脏干粉 8 份，鱼油 2 份，沸石粉 1.52 份，氯化胆碱 1.3 份，复合矿物质粉 1.9 份，蜕壳粉 1.5 份，复

合维生素 0.1 份，食盐 0.1 份，抗氧化剂 0.03 份，防霉剂 0.05 份。

⑥秘鲁鱼粉 5%，发酵血粉 10%，豆饼 30%，棉仁饼 10%，次粉 25%，玉米粉 10%，骨粉 5%，酵母粉 2%，复合维生素 1.3%，蜕壳素 0.1%，淀粉 1.6%。

⑦秘鲁鱼粉 7 份，发酵血粉 12 份，豆饼 28 份，棉仁饼 12 份，次粉 35 份，玉米粉 12 份，骨粉 7 份，酵母粉 3 份，复合维生素 2 份，蜕壳素 0.05 份，淀粉 2 份。

⑧秘鲁鱼粉 3 份，发酵血粉 8 份，豆饼 32 份，棉仁饼 8 份，次粉 20 份，玉米粉 8 份，骨粉 3 份，酵母粉 1 份，复合维生素 1 份。

⑨植物性饵料 80 份，动物性饵料 10 份，复合维生素 1 份，泰乐菌素 0.5 份。其中，植物性饵料的组分的重量份数为豆饼 24 份，马铃薯粉 5 份，次粉 20 份，玉米粉 8 份，酵母粉 2 份，淀粉 1 份，葵花籽粉 0.5 份；动物性饵料组分的重量份数为鱼粉 4 份，骨粉 4 份，贝壳粉 5 份，蜕壳素 0.05 份，B 族维生素 30 份，维生素 D 10 份，维生素 E 10 份。

⑩植物性饵料 80 份，动物性饵料 15 份，复合维生素 2 份。其中，植物性饵料的组分的重量份数为豆饼 32 份，马铃薯粉 5 份，次粉 35 份，玉米粉 12 份，酵母粉 3 份，淀粉 2 份，葵花籽粉 0.5 份。动物性饵料组分的重量份数为鱼粉 6 份，骨粉 6 份，贝粉 5.5 份，蜕壳素 0.1 份。复合维生素组分的重量份数为：B 族维生素 30 份，维生素 D 12 份，维生素 E 12 份。

⑪植物性饵料80份，动物性饵料20份，复合维生素3份，半纤维素酶1份。植物性饵料的组分的重量份数为豆饼54份，马铃薯粉5份，次粉45份，玉米粉8份，酵母粉4份，淀粉3份，葵花籽粉0.5份。动物性饵料组分的重量份数为：鱼粉9份，骨粉9份，贝粉6份，蜕壳素0.15份。复合维生素组分的重量份数为：B族维生素30份，维生素D15份，维生素E15份。

⑫鱼粉7%，肉骨粉15%，豆粕15%，菜籽粕15%，花生粕8%，小麦15%，麸皮5%，米糠3%，乌贼膏3%，虾糠4%，混合油（鱼油:豆油:猪油＝1:1:1）3%，磷酸二氢钙2%，晶体赖氨酸0.6%，晶体蛋氨酸0.3%，大黄蒽醌提取物0.5%，35%维生素C磷酸酯0.2%，蜕壳素0.3%，黏结剂0.3%，食盐0.3%，复合维生素2.5%。

将上述原料按重量百分比分别称取，将鱼粉、肉骨粉、豆粕、菜籽粕、花生粕、小麦、麸皮、米糠、乌贼膏、虾糠粉经二次粉碎，可全部通过60目筛，80目筛上物小于10%；用搅拌机进行混合，首先将乌贼膏和豆粕均匀混合，将此混合物和鱼粉、肉骨粉、菜粕、花生粕、小麦、麸皮、米糠、乌贼膏、虾糠等均匀混合成原料混合粉，再将磷酸二氢钙、晶体赖氨酸、晶体蛋氨酸、大黄蒽醌提取物、35%维生素C磷酸酯、黏结剂、蜕壳素、食盐、预混料分别与原料混合粉进行逐级混合，混合均匀度CV＜10%；将鱼油、豆油和猪油按照一定比例混合，然后与物料均匀混合，搅拌混匀后经过超微粉碎机粉碎为混合物，将混合物料移入调制器通入水蒸气三次调制，调制后进入挤压制粒机制成饲料颗粒（温度80～95℃），加工生产成颗粒配合饲料，饲料粒径2.0毫米，颗粒长度4.0毫米；将颗粒放入杀菌器80～100℃杀菌10～15分钟；将制得的颗粒饲料烘干、冷却、筛去粉末、包装。

⑬鱼粉8%，肉骨粉13%，豆粕17%，菜粕13%，花生粕7%，小麦17%，麸皮6%，米糠4%，乌贼膏2%，虾糠3%，混合油（鱼油∶豆油∶猪油＝1∶1∶1）4%，磷酸二氢钙1.8%，晶体赖氨酸0.6%，晶体蛋氨酸0.4%，大黄蒽醌提取物0.2%，35%维生素C磷酸酯0.3%，蜕壳素0.4%，黏结剂0.4%，食盐0.4%，复合维生素1.5%。

⑭鱼粉10%，肉骨粉12%，豆粕18%，菜粕10%，花生粕5%，小麦18%，麸皮7%，米糠5%，乌贼膏1%，虾糠2%，混合油（鱼油∶豆油∶猪油＝1∶1∶1）4%，磷酸二氢钙2.5%，晶体赖氨酸0.7%，晶体蛋氨酸0.5%，大黄蒽醌提取物0.4%，35%维生素C磷酸酯0.4%，蜕壳素0.5%，黏结剂0.5%，食盐0.5%，复合维生素2.0%。

⑮无鱼粉配合饲料（共计1 000千克）：脱酚棉籽蛋白50千克，大豆浓缩蛋白200千克，大米蛋白粉130千克，鱼溶浆蛋白45千克，磷酸二氢钙20千克，花生粕130千克，虾壳粉30千克，小麦粉219.55千克，米糠88千克，磷脂油20千克，鱼油12千克，虾用微量元素5千克，甜菜碱2.5千克，食盐3千克，虾用多维1.75千克，氯化胆碱1千克，左旋肉碱1千克，防霉剂1千克，

膨润土40千克，乙氧基喹啉0.2千克。

⑯无鱼粉配合饲料（共计1000千克）：脱酚棉籽蛋白50千克，大豆浓缩蛋白180千克，大米蛋白粉140千克，鱼溶浆蛋白55千克，磷酸二氢钙20千克，花生粕130千克，虾壳粉30千克，小麦粉219.55千克，米糠88千克，磷脂油20千克，鱼油12千克，虾微量元素5千克，甜菜碱2.5千克，食盐3千克，虾多维1.75千克，氯化胆碱1千克，左旋肉碱1千克，防霉剂1千克，膨润土40千克，乙氧基喹啉0.2千克。

⑰无鱼粉配合饲料（共计1000千克）：脱酚棉籽蛋白50千克，大豆浓缩蛋白160千克，大米蛋白粉150千克，鱼溶浆蛋白65千克，磷酸二氢钙20千克，花生粕130千克，虾壳粉30千克，小麦粉219.55千克，米糠88千克，磷脂油20千克，鱼油12千克，虾微量元素5千克，甜菜碱2.5千克，食盐3千克，虾多维1.75千克，氯化胆碱1千克，左旋肉碱1千克，防霉剂1千克，膨润土40千克，乙氧基喹啉0.2千克。

⑱无鱼粉配合饲料（共计1000千克）：脱酚棉籽蛋白50千克，大豆浓缩蛋白190千克，大米蛋白粉135千克，鱼溶浆蛋白50千克，磷酸二氢钙20千克，花生粕130千克，虾壳粉30千克，小麦粉219.55千克，米糠88千克，磷脂油20千克，鱼油12千克，虾微量元素5千克，甜菜碱2.5千克，食盐3千克，虾多维1.75千克，氯化胆碱1千克，左旋肉碱1千克，防霉剂1千克，膨润土40千克，乙氧基喹啉0.2千克。

2. 简易配合饲料

（1）幼虾配合饲料

配方1：麦麸30%，豆粕20%，鱼粉50%和微量维生素。该配合饲料中粗蛋白质含量约为45%。

配方2：麦麸22%，花生粕15%，鱼粉60%，矿物质3%和微量维生素。该配合饲料中粗蛋白质含量约为50%。

配方3：麦麸37%，花生粕25%，鱼粉35%，壳粉3%。该配合饲料中粗蛋白质含量约为45%。

（2）成虾配合饲料

配方1：麦麸57%，花生粕5%，鱼粉35%，蚌壳粉3%。

配方2：麦麸39%，米糠30%，鱼粉1%，蚌壳粉20%，黄豆粉10%。

配方3：麦麸30%，鱼粉20%，蚕蛹7.5%，豆粕20%，米糠22.5%。

配方4：麦麸40%，鱼粉20%，蚕蛹10%，豆粕10%，花生粕2%，米糠17%，骨粉1%。

配方5：麦麸50%，蚕蛹30%，豆粕10%，菜籽粕5%，米糠5%。

（五）小龙虾饲料投喂技术

1. 投喂方法　一般每天投喂2次饲料，投喂时间分别在上午7～9时和下午5～6时。春季和晚秋水温较低时，可每天投喂1次，安排在下午3～4时。小龙虾有晚上摄食的习性，日喂 2 次应以傍晚为主，下午投喂量占全天的 60%～70%。

饲料投喂地点，应多投在岸边浅水处虾穴附近，也可少量投喂在水位线附近的浅滩上。每亩最好设 4～6 处固定食台，投喂时多投在食台上，少分散在水中。小龙虾有一定的避强光习性，强光下出来摄食的较少，应将饲料投放在光线相对较弱的地方，如傍晚将饲料投在池塘西岸，上午将饲料投在池塘东岸，可提高饲料利用率。

2. 投喂量 日投喂量主要依据存塘虾量来确定，但是也要充分考虑天气、成活率、健康状况、水质环境、蜕壳情况、用药情况、饵料量等因素。5～10 月份是小龙虾摄食旺季，每天投喂量可占体重的 5% 左右，且需根据天气、水温变化，小龙虾摄食情况有所增减，水温低时少喂，水温高时多喂。3～4 月份水温 10℃ 以上小龙虾刚开食阶段和 10 月份以后水温降到 15℃ 左右时，小龙虾摄食量不大，每天可按体重 1%～3% 投喂。一般以投喂后 3 小时基本吃完为宜。天气闷热、阴雨连绵或水质恶化、溶解氧下降时，小龙虾摄食量也会下降，可少喂或不喂。

3. 投喂原则

（1）天气晴好、水草较少时多投，闷热的雷雨天、水质恶化或水体缺氧时少投，解剖小龙虾发现肠道内食物较少时多投，池中有饲料大量剩余时则少投，水温适宜则多投，水温偏低则少投。

（2）小龙虾很贪食，即使在寒冷的冬天也会吃食，所以养殖小龙虾要比养蟹早开食。

（3）饲料的质量影响小龙虾的品质，在小龙虾上市季节要适当补充投喂一些小杂鱼、螺、蚌、蚬肉等动物性鲜料，以提高商品虾的质量。

（4）小龙虾蜕壳时停食，所以当观察到小龙虾大批蜕壳时，投喂量要减少。

第五章
小龙虾养殖技术

　　小龙虾养殖就是将幼虾饲养成为商品虾的过程。目前有多种较为成熟的成虾养殖模式，主要包括池塘养殖、稻田养殖、藕田养殖等。池塘养殖小龙虾模式中，由于池塘水体小，人力易控制，所以掌握成虾阶段的生长规律以及所需要的外界环境条件，提高单位面积的产量及上市规格，是成虾养殖的关键技术。

一、苗种培育

　　目前小龙虾虾苗养殖技术主要是采用水泥池繁育养殖、土池繁育养殖，出苗量低，无法满足市场需求，而且产卵不统一，很难批量供应同等规格的虾苗。通过采用注射外源激素或切除单侧眼柄的方法可以诱导小龙虾同步产卵，但操作较为烦琐，人工成本较高，大规模推广有一定难度。科研工作者们研发了繁育车间内多层立体式繁育，将农业生产转变成工业化运作，不受自然气候影响，产量高，节约土地资源和水资源，且自动化操作，提高了劳动生产率，大大减轻了操作人员的劳动强度。采用"控制温度、控制光照、控制水位、控制水质、加强投喂"的"五位一体"人工诱导繁殖技术促使小龙虾批量同步产卵，规模化的繁苗，可解决养殖苗种短缺的技术难题。

工厂化繁殖需要建造一个繁育车间，室内面积不限，但以 $200\sim500$ 米^2 为一个单元较适合。繁育车间内安置多层立体式繁育水族箱架，每层繁育水族箱架上摆放若干个繁育水族箱，繁育水族箱大小不限，但高度以 40 厘米较好，每个繁育水族箱呈一个独立体系，繁殖池能统一控制水位、温度、光照、充气、加水，为小龙虾繁殖提供良好的环境。每年 $7\sim8$ 月份向繁育箱按 20 尾 / 米^2 的密度投放亲虾。繁殖的亲虾进行促熟处理。处理方法为将镊子洗干净，用酒精灯烧烫后，烫烧小龙虾单侧眼柄，然后将小龙虾放入繁殖箱。亲虾雌雄性比为 2 : 1 投放虾种。定期投喂粗蛋白质含量在 25% 以上的饲料，或小鱼虾等荤食，加强营养，促使小龙虾批量同步产卵。小龙虾产卵后，将抱卵虾集中到孵化箱进行孵化。孵化箱中抱卵虾密度控制在 30 尾 / 米^2。受精卵孵化后待苗种开始开口后，投喂枝角类等浮游生物或配合饲料，待幼体完成变态成为幼虾并离开母体后即可打捞出苗，对外销售，完成整个工厂化繁殖过程。繁育水箱的水温控制在 $20\sim25$℃，光照控制在 300 勒克斯以下。水的 pH 值控制在 $6.8\sim7.2$ 之间，溶解氧 ≥ 5 毫克 / 升。

（一）幼苗的成长分期

无节幼体（6期）：不摄食，吸收卵黄营养。身体不分节，中眼一只，无完整口器，消化道未形成。

蚤状幼体（3期）：摄食小型浮游生物。身体分节，有头胸甲，口器和消化道形成。

糠虾幼体（3期）：摄食较大的浮游生物、卤虫和幼体等。体形似糠虾，胸部附肢形成，腹部附肢具雏形。

仔虾期（14～22期）：由以浮游生物为食，逐步转向以底栖小型生物为食。已经初具虾型，附肢齐全。

（二）幼苗开口饵料

水生动物的开口摄食阶段是其早期生活史中的关键时期，开口饵料是影响其生长、存活的关键因子。人工养殖条件下，水生动物幼体的营养大部分来源于人工投喂的饵料，而食物的适口与否将直接关系到水生动物的存活和生长发育。小龙虾孵化出膜后，如果能及时得到适口且营养丰富的饵料，生长速度很快；如果营养不足或饵料不适口，会严重影响幼虾的生长发育。夏晓飞等研究了不同开口饵料喂养小龙虾幼体 40 天的成活率、增重率（总净增重／初始总重×100%）、增长率（体长净增值／初始体长×100%）的影响（表 5-1）。结果发现，丰年虫无节幼体投喂小龙虾幼虾存活率、增重率和增长率都最高，是小龙虾最适合的开口饵料。丰年虫无节幼体粗蛋白含量为 54.61%～59.92%，脂肪水平为质量（干

表 5-1　不同开口饵料对小龙虾幼虾存活及生长的影响
（仿夏晓飞）

组　别	存活率（%）	增重率（%）	增长率（%）
丰年虫无节幼体	75	4 746	171.33
草鱼糜	28.33	682	38.67
水蚯蚓	51.67	4 105.33	155.33
饲料 1	61.67	3 233.67	155.33
饲料 2	71.67	2 771.67	155.00

注：

饲料 1 配方：玉米粉 15%，小麦粉 15%，鱼粉 24%，黄豆粉 36%，矿物质 1.5%，维生素 C 0.04%，鱼油 1.9%，糊精 6.56%。

饲料 2 配方：玉米粉 15%，小麦粉 15%，鱼粉 30%，黄豆粉 30%，矿物质 1.5%，糊精 8.5%。

配制方法：各种饲料按比例充分混合，揉成面团，用压面机压制成长条，再切成 2 毫米沉性颗粒，于 60℃烘箱中烘制 8 小时，4℃冰箱贮存，备用。饲料在试验用水中 3 小时内不分散。饲料中所用的维生素 C 为国药集团化学试剂有限公司生产的分析纯，所用鱼油为深海鱼油软胶囊。

品）的 20.84%～23.53%，还含有多种维生素，其中包括抗坏血酸、维生素 B_1、维生素 B_2、叶酸以及生物素等，营养极其丰富，可以提供充足的幼虾初期生长所必需的营养物质，使幼虾不易染病，并且获得最大的生长速率。新孵化出的丰年虫无节幼体大小在 400～500 微米，对于刚刚脱离母体的幼虾而言，其大小也比较适口。丰年虫无节幼体在水中可以自由游动，能刺激幼虾摄食，还不污染水质。水蚯蚓是优良的蛋白质饲料，营养全面，含有大量的蛋白质、脂肪、糖类和矿物质，其干品含粗蛋白质高达 62%，多种必需氨基酸高达 35%。试验中选用的水蚯蚓为冷冻产品，其长度 3 厘米左右，投喂时虽然用剪刀剪碎，但是对于小龙虾幼虾来说可能还是比较大，适口性较差，不易摄取，每天饵料残渣剩余较多，容易污染水质。人工配合饲料容易获得，同时营养也相对全面，成本相对较低，是较为理想的饲料，但是两种饲料配方比较发现，小龙虾幼虾饲料的配方营养全面，配制合理，生产效果才会更好。

（三）幼虾的收获

小龙虾幼虾在育苗池中精心喂养，15～20 天即可长到 2～3 厘米的规格，此时可收获并投放到池塘中进行成虾养殖。收获方法有以下几种。

1. 吸附捕苗法　小龙虾繁殖池内有水花生、水葫芦、轮叶黑藻等水生植物，2～3 厘米的虾苗白天喜欢栖息、躲藏在水葫芦等水草的根部，也喜欢躲藏在水花生、轮叶黑藻的枝丛中。所以只需用密网做成的筛框捞取水葫芦和水花生团，来回晃动几次，虾苗就落到筛框底部。捞走筛框上的水草就可以收获幼虾。

2. 放水收虾法　该法不论面积大小的培育池都可以采用。具体做法是：将培育池的水排放至淹住集虾槽，然后用抄网在集虾槽内收虾；或者用柔软的丝质抄网接住出水口，将培育池的水完全放光，使小龙虾幼虾随水流流入抄网即可。要注意的是，抄网必须放在大盆内，抄网边露出水面，这样随着水流放出的幼虾才不会因水流的冲击而受伤。

3. 拉网捕捞法　具体做法是：用一张柔软的丝质夏花鱼苗网拉网，从培育池的浅水端向深水端慢慢拖拉即可。此种方法适合于水面较大的水泥池培育池。对于面积较小的水泥池培育池可以直接用一张网片，两人在培育池内用脚踩住网片底端，绷紧使网片一端贴地，另一端露出水面，形成一面网兜，两人靠紧池壁，从培育池的浅水端向深水端走，最后起网，将虾苗全部捞出。操作中注意动作尽量轻缓，防止弄伤虾苗。

4. 虾巢起虾法　在苗种池中设立打洞埂，埂上种植水草，并放置虾巢，以提高产卵率和幼苗成活率。在虾巢中放置有孔管，收虾苗时直接将有孔管取出，里面富集虾苗，这样就能轻松将虾苗从育苗池中取出。

（四）幼苗计数

虾苗合理的放养量是成功生产的基础，也是准确计算育苗成活率的基础，小龙虾幼虾比其他虾种大，计苗方法不尽相同。下面介绍几种苗种计数方法，供参考。

1. 直接计数法　较小的养虾池，虾苗数量不多时，可以采用直接计数的方法进行计数。其准确性高，适合于体长1厘米以上的小虾苗。如果作为虾苗出售，这种方法既不利于操作，而且容易造成损伤，不适合采用。

2. 带水容量计数法　此法适合体长小于1厘米的小虾苗，因为是带水计数，对虾苗的损伤也较小。操作方法是：将虾苗放在一个固定容量的大桶内，加水至固定的刻度，将虾苗搅匀后迅速用已知容量的烧杯从水中取满一杯计数，如恐不够精确，可以连续取2～3杯水，取其平均数。再根据容器与取样水量之比求出全桶的虾苗总数。

3. 无水容量计数法　此法适合体长大于1厘米以上虾苗的计数，由于虾苗的个体大一些，其抗病力、活动能力都要强一些，离水后不易死亡。利用带有小孔的计数漏杯，从水中捞取满满一杯幼虾后计数，连续取3～5杯计数，取平均值。这种方法操作不当容易损伤虾苗，所以动作应轻捷，以减少虾苗损伤。该方法适合于销售虾苗、大面积生产虾苗等生产方式。

（五）幼苗运输

1. 干法运输　该法是将幼虾从虾苗池内捕捞出来后，用带有网孔的木箱作容器，以虾苗不能穿过为标准，在箱底铺上水花生之类的湿水草，然后铺一层虾苗在草上，如此一层水草、一层虾苗，铺上三四层即可。如果铺得过厚或密度过大，会造成虾苗缺氧死亡。三四个虾苗箱捆绑在一起，运输途中应保持车内通风，且应间断性地对虾苗洒水，保持水草湿润，防止虾苗鳃部失水。

2. 充氧保活运输　即虾苗带水充气运输法。用装鱼虾的尼龙袋为容器，在袋中放入少量水、水草或1～2块遮光网小网片，每袋装400～500尾虾苗，接着充足氧气，用粗橡皮圈或塑料编织带扎紧袋口，放入泡沫塑料箱。每个箱中放 1～2 个矿泉水瓶冻成的冰块。盖上箱盖密封好后就可以运输了。此法要注意两点：一是运输前要投喂 1 次蒸熟的鸡蛋或鸭蛋碎屑或其他饵料，让虾苗吃饱，以防虾苗饥饿而发生相互残杀；二是运输用水应取自原虾苗池或暂养池，水温也与培育池基本一致，防止温度变化出现应激反应。

二、小龙虾养殖管理

（一）养殖池塘的准备

小龙虾虽然能在恶劣的环境中生存，但基本不会蜕壳生长或生长极为缓慢，存活时间不长，成活率极低，甚至不能或很少交配繁殖，即使能正常生长，肉的品质也较差。因此，选择水质较好、无污染的养殖场地，直接关系到养殖成败和经济效益。选择时既要考虑小龙虾的生活习性，也要考虑到水源、运输、土质、植被、饲料等各方面的具体情况，综合分析各方面利弊之后，再决定是否作为养殖场地。

1. 防逃设施 小龙虾具有攀爬逃跑能力和逆水性，因此池塘要具备完善的防逃设施。防逃设施材料因地制宜，可以是石棉瓦、水泥瓦、塑料板、加塑料薄膜的聚氯乙烯网片等，只要能达到取材方便、牢固、防逃效果好就行。同时，进出水口应安装防逃设施，进排水时应用 60 目筛网过滤，严防野鱼混入。防逃设施的建设有如下几种形式：

（1）**砖墙防逃设施** 在池埂内侧砌筑净高25厘米、厚12厘米左右的低墙，顶端一层砖横向砌，使墙体呈"T"字形。此种设施坚固耐用，寿命可达10年以上。

（2）**石棉瓦块防逃设施** 将石棉瓦块拆2段或3段，插在池埂内侧1/3处，深10～15厘米，注意瓦与瓦扣齿交叠。石棉瓦的内外均用木桩固牢，桩距0.8～1米。这种防逃设施可用5年以上。

（3）**塑料薄膜防逃设施** 在池埂的内侧插入高30～40厘米的木桩，木桩间隔40～50厘米，木桩下部内侧贴上厚塑料薄膜，高度20～30厘米，再在薄膜内加插木桩，间隔同外木桩对应，并用绳夹牢固，同时对夹牢固的塑料薄膜增加培土，一并打实以防逃虾。这种防逃设施一般可使用2～3年。

2. 成虾池的清整 在放虾之前，要认真进行池塘修整，去除淤泥、平整池底、清除有害生物和病原体，并使养殖池塘具有良好的保水性能。目前，清塘消毒方法较多，主要有以下几种：

（1）**常规清整** 利用冬闲将存塘虾捕完，排干池水，挖去过多的淤泥，池底暴晒10～15天，使池塘土壤表层疏松，改善通气条件，加速土壤中有机物质转化为营养盐类，同时还可达到消灭病虫害的目的。

（2）**药物清塘** 常用的清塘药物有生石灰、漂白粉、茶籽饼等。其中采用生石灰、漂白粉清塘效果较佳。消毒是在亲虾或虾苗放养前10天左右进行，清塘消毒的目的是为彻底清除敌害生物如鲶鱼、泥鳅、乌鳢及与小龙虾争食的鱼类如鲤、鲫、野杂鱼等，杀灭病原体。具体做法如下：

①生石灰清塘　生石灰来源广泛，使用方法简单。待整修虾塘后，选择晴天进行清塘消毒，一般 10 厘水深每亩用生石灰 50～75 千克，生石灰化水后趁热全池泼洒。生石灰消毒的好处是既能提高水体 pH 值，又能增加水体钙的含量，有利于亲虾生长蜕皮。生石灰清塘 7～10 天后药效基本消失，此时即可放养亲虾。

②巴豆清塘　巴豆能消灭大部分敌害鱼类，但对寄生虫、致病微生物和水生昆虫等没有杀灭效果，对池塘水质也没有较好的改良作用。一般用量为水深 10 厘米每亩用 5～7.5 千克。先将巴豆磨碎成糊状，放进酒坛，加白酒 100 毫升，或食盐 0.75 千克，密封 3～4 天，使用时用水将处理后的巴豆稀释，稀释液带渣全池泼洒。清塘后 10～15 天，池水回升到 1 米即可放养亲虾。

巴豆的毒性较大，在使用时一定要防止中毒。施用巴豆以后，注意沿池塘附近种植的蔬菜要经过 5～7 天后方可采食。注意不要将巴豆液洒在池埂边泥土上面，以防日后下雨时，雨水将含有毒素的泥土冲刷到虾池，引起小龙虾中毒死亡。

③漂白粉、漂白精清塘　漂白粉清塘的有效成分为次氯酸和氢氧化钙，次氯酸有强烈的杀菌作用。一般清塘用药量为漂白粉 20 毫克/升，漂白精 10 毫克/升。使用时用水稀释全池泼洒，药效残留期 5～7 天，以后即

可放养亲虾。使用时应注意，漂白粉在空气中极易挥发和潮解，平时必须放在陶瓷器或木制器内密封，并放在干燥处，以免失效；装存和泼洒漂白粉宜用陶制器或木制器，千万不能用金属制器，避免药物与金属反应而导致药效降低；使用漂白粉时，操作人员一定要佩戴口罩和橡皮手套，同时避免在下风处泼洒，以防中毒，并要防止衣服沾染药剂而被腐蚀。

④茶粕清塘 茶粕是我国南方各地渔民普遍用来清塘的药物，其对鱼类有杀灭作用，但对甲壳类动物无害。先将茶粕敲碎，用水浸泡，水温 25 ℃时浸泡 24 小时，使用时加水稀释全池泼洒，用量为每亩水面 1 米水深用35～45 千克。清塘 7～10 天即可放亲虾。

除以上 4 种方法外，现在一些渔药生产厂家也生产了一些清塘药物，要慎重选用有效安全的清塘药物。不论使用哪种清塘方法，都需选择天气晴朗时进行，这样药效快，杀菌力强，而且毒力消失也快，比较安全。

3. 水草栽培 渔民有"要想养好虾，先要种好草"的谚语。只有种好一塘水草，才能养好一塘龙虾。

（1）栽培水草的作用

①为小龙虾提供栖息和蜕皮环境 小龙虾只能在水中做短时的游泳，常爬上各种浮叶植物休息和嬉戏，因此，水草是其适宜的栖息场所。更为重要的是，小龙虾的周期性蜕壳常依附于水草的茎叶上，而蜕壳之后的软壳虾又常常要经过几个小时静伏不动的恢复期。在此期间，如果没有水草作掩护，很容易遭到硬壳虾和某些鱼

类的攻击。

②提供天然饵料　水草茎叶富含维生素 C、维生素 E 和维生素 B_{12} 等，可补充动物性饵料中维生素的不足。此外，水草中含有丰富的钙、磷和多种微量元素，通常还含有 1% 左右的粗纤维，有助于淡水小龙虾对食物的消化和吸收。水草的存在也利于水生动物的生长，水生动物可成为小龙虾的动物性活饵料。

③有不可忽视的药理作用　多种水草具有药用价值，小龙虾患病后可自行觅食，消除疾病，既省时省力，又能节约开支。

④净化池塘水质，增加溶解氧　小龙虾对水质的要求较高，池塘中培植水草，不仅可以通过光合作用中释放大量氧气，同时还可吸收塘中不断产生的氨态氮、二氧化碳和各种有机分解物，对于调节水体的 pH 值、溶氧、稳定水质都有重要意义。

⑤提高小龙虾品质　池塘通过移栽水草，一方面能促使小龙虾经常在水草上活动，避免在底泥或洞中穴居，造成体色灰暗现象；另一方面可净化水质，减少污物，使养成的小龙虾体色光亮，从而提高品质，保证较高的销售价格。

⑥防止夏秋季水温过高，消浪护坡，防止塘埂坍塌　夏季高温季节，水生植物的茎叶能遮挡强烈的阳光，防止夏秋季水温过高，为小龙虾提供适宜的温度。种植在堤岸上的水生植物根扎入泥土，能将泥土紧紧地抓住，稳固塘基，防止塘埂坍塌；茎叶漂浮在水中，当池塘的波

浪到了岸边就会被茎叶化解，减少浪对护坡的冲击，消浪护坡，延长池塘的使用寿命。

（2）**水草品种的选择** 移植水草时要注意品种选择，浮水植物、沉水植物、挺水植物三者要兼顾，目前主要使用的水生植物有：水浮莲、水葫芦、槐叶萍、水芹菜等浮水植物；芦苇、野茭白、慈姑、香蒲、藕等挺水植物；马来眼子菜、伊乐藻、金色藻、苦草、聚藻等沉水植物。必要时还可在水底平铺少量稻草、芦苇等植物秸秆，也有利于稚虾的蜕壳与躲藏。

（3）**水草栽培方法** 栽培水草一般分三个层次。在池岸边或池中心土滩边栽培挺水植物，如菱、芦苇、茭白、慈姑和蒲草等；在池中间栽培沉水植物，如马来眼子菜、苦草、轮叶黑藻、菹草等；在水面上栽培漂浮植物，如浮萍和水葫芦等。放入池中的水草一般占总水面的1/10。池埂上的杂草不必除去，可以起到固土、保护洞穴的作用。栽培方法有5种：

①栽插法 这种方法一般在虾种放养之前进行，首先浅灌池水，将轮叶黑藻、伊乐藻等带茎水草切成小段，长度15～20厘米，然后像插秧一样，均匀地插入池底。池底淤泥较多，可直接栽插。若池底坚硬，可事先疏松底泥后栽插。

②抛入法 菱、睡莲等浮叶植物，可用软泥包紧后直接抛入池中，使其根茎能生长在底泥中，叶能漂浮水面。每年的3月份前后，也可在渠底或水沟中，挖取苦草的球茎，带泥抛入水沟中。

③移栽法　茭白、慈姑等挺水植物应连根移栽。移栽时，应去掉伤叶及纤细劣质的秧苗，移栽位置可在池边的浅滩处，要求秧苗根部入水在 10～20 厘米。整个株数不能过多，每亩保持 30～50 棵即可，否则会大量占用水体，反而造成不良影响。

④培育法　对于浮萍等浮叶植物，可根据需要随时捞取。只要水中保持一定的肥度，它们都可良好生长。若水中肥度不大，可用少量追肥化水泼洒。水花生因生命力较强，应少量移栽，以补充其他水草之不足。

⑤播种法　近年来最为常用的水草是苦草。苦草的种植采用播种法，对于有少量淤泥的池塘最为适合。播种时水位控制在 15 厘米，先将苦草籽用水浸泡 1 天，揉碎果实，将果实里细小的种子搓出来。然后加入约 10 倍于种子量的细沙壤土，与种子拌匀后播种。播种时将种子均匀撒开，播种量每公顷水面用量 1 千克（干重）。种子播种后需加强管理，提高苦草的成活率，使之尽快形成优势种群。

4. 虾池水质调控

（1）适当肥水培养基础饵料　虾苗放养前 5～7 天保持池塘水深 50 厘米，水源要求水质清新，溶解氧高于 3 毫克/升以上，pH 值 7～8，无污染，尤其不能含有菊酯类农药成分（如敌杀死等），小龙虾对其特别敏感，极低的浓度就会造成死亡。进水前要认真仔细检查过滤设施是否牢固、破损。进水后，为了使虾苗能够摄食到适口的优质天然饵料，提高虾苗的成活率，应施放一定量的基肥，培养水质及天然饵料生物。常用有机肥的用量为每亩 150～300 千克，可全池泼洒，亦可堆放池四周浅水边，以培育幼虾喜食的轮虫、枝角类、桡足类等浮游动物。有机肥在施放前应发酵，方法是在有机肥中加10%生石灰、5%磷肥，经充分搅拌后堆积，用土或塑料薄膜覆盖，经 1 周左右即可施用。

（2）**调节水质，保养水草** 当水质呈白雾状，肉眼可见大小不等的白色碎片或颗粒物，在显微镜下观察可见这些碎片包含有若干单胞藻、细菌及有机质等。采用二氧化氯全池泼洒 1～2 次后，再用水产用净水宝（微生物制剂）化水泼洒。若为沁浆式混水，可能是野杂鱼混入池中活动，投喂量不足引起小龙虾活动，温差大引起水体对流，池底下有发酵气体向上泛起等。可适当肥水，保持透明度在 30～35 厘米之间，采用净水宝可使泥浆颗粒吸附沉除。水中出现水华藻类，如蓝藻类的鱼腥藻和颤藻等，如不及时处理，伊乐藻很快就会烂光，而这些有害藻越来越盛。使用活力菌素可以有效抑制和预防其发生。注意及时使用水质保护解毒剂，清除蓝藻尸体分解释放出的毒素。

（3）**重视水草根部保洁，合理密植** 小龙虾池中的伊乐藻密度较高，其上部茎叶覆盖，下部根茎往往透光性和通气性极差，呼吸困难，根部细胞发黑死亡，即所谓烂根。要对伊乐藻进行适当的疏松通气，可采用剪除或翻转过密的草体等方法，使上下通透。施用底质改良药物时应注意在草根部多施，但不可用消毒剂类改良底质。如果小龙虾的密度高、活力好、活动频繁，就会起到良好的疏松通气作用。

（二）苗种放养技术

小龙虾的养殖模式按投放的种苗分为两种，一种是在春夏季节投放幼虾苗种，另一种是直接于秋季投放亲本种虾，在池塘中自繁幼苗。由于养殖方式不同，种苗放养的方法、规格、数量也各有不同，针对不同的养殖方式，在种苗放养时所采取的措施也有很大的差别。亲本种虾个体较大，适应能力强，在运输和放养过程中相对易操作。幼虾苗个体小，体质较弱，其装运、放养等操作是一项细致的工作，才能提高运输成活率、放养成活率及培育成活率。

1. 春季苗种放养技术　春季投苗养殖方法为当年投放苗种当年收获，即 4～6 月份投放苗种，6～10 月份分批捕捞上市，捕大留小，捕捞收获时间可达 3～5 个月。

（1）幼虾苗的质量要求　幼虾的规格要求整齐，通常在 3 厘米以上为宜，同一池塘放养的虾苗种规格没有要求，但要尽量一次放足。幼虾的体质要健壮，附肢齐全，无病无伤，生命力强。野生小龙虾幼虾苗，应经过一段时间的人工驯养后再放养。

（2）幼虾苗的运输　根据运输季节、天气、距离来选择运输工具、确定运输时间。短途运输可采用蟹苗箱或食品运输箱进行干法运输，即在蟹苗箱或食品运输箱中放置水草以保持湿度,蟹苗箱一般每箱可装幼虾2.5～5.0千克,食品运输箱每箱相对运输的数量要多很多,通常可在同一箱中放上2～3层,每箱能装运10～15千克。

(3)**放养方法** 放养时间选择晴天早晨或傍晚进行,避免阳光直射,放苗时要避免水温相差过大(不要超过2℃)。经过长途运输的苗种,在放苗前应让其充分吸水,排出头胸甲两侧腮内的空气,然后放养下池。具体做法是:将虾苗或虾种及包装一起放入水中,让水淹没后提起,等2～3分钟再次放入水中,反复3～4次,再进行放养,放养时最好对虾苗或虾种用2%～3%食盐水洗浴2～3分钟,以消毒杀菌,起到防病的作用。放养采取多点分散放养,不可堆集,苗种一般放养在池堤的水位线边上,每个放养点要做好标记,放养第二天在各个放养点进行仔细检查,发现有死亡要捞出称重、过数,并及时进行补充,补充的苗种规格要与原放养规格相一致。

(4)**放养密度** 虾苗放养密度主要取决于池塘条件、饵料供应、管理水平和产量指标4个方面。放养量要根据计划产量、成活率、估计成虾个体大小、平均重量来决定。一般放养量可采用下面公式来推算:

放养量(尾/亩)=计划产量(千克/亩)÷预计商品
虾规格÷预计成活率

一般按成活率30%,商品虾25～30尾/千克计算。

通常主养塘口放养量为 1.5 万～2.0 万尾/亩，混养池塘放养量为 0.8 万～1.0 万尾/亩。虾苗要求规格相对整齐、苗体壮、活力强、对刺激反应灵敏。虾苗耐干能力强，一定湿度的情况下，12 小时后放回水中仍能存活。

2. 秋季亲虾放养技术　秋季投放亲虾养殖，当年不能收获，须待翌年继续喂养 3～4 个月后方可收获上市，商品虾上市规格在每只 30 克左右，上市时间在翌年的 6～7 月份。

（1）**亲虾收集**　生产上一般在初秋季（9 月初至 10 月初）就近从河流、湖泊等水质良好的大水体中采集性成熟的优质小龙虾作为亲本虾种。采捕的亲虾最好是从虾笼或抄虾网中捕获的小龙虾，这种选择方法能够保证小龙虾的质量。通常选择 10 月龄以上、体重 30～50 克，附肢齐全、体质健壮、无病无伤、躯体光滑、无附着物、活动能力强的个体，雌雄比例通常为 1.2～1.5∶1。亲虾在放养前要用 10 毫克/升高锰酸钾溶液浸浴，消除虾体上的病原体，才能移入亲虾池进行强化培育。

（2）**亲虾运输**　一般采用干运法，运输量大，运输成本低，操作方便，运输成活率高。运输工具为网隔箱或食品运输箱。网隔箱可用木架或钢架，规格为 60 厘米×80 厘米×20 厘米，底部用密网（孔径 0.1 厘米）封底，上面用网盖扣住，可在箱中先铺放水草，水草可用水花生或伊乐藻等，然后每箱放入亲虾 5～10 千克，箱垒叠在车上。如运输距离较长，途中适当喷水，以保持运输箱内湿度，提高虾的成活率。此法运输量大，运输时间长可达 10 小时，对虾的伤害小，成活率达 90% 以上。

（3）**放养方法** 亲虾的投放要在晴天的早上进行，避免阳光直射，投放时要注意分散、多点投放，不可集中一点放养。外购亲虾到池边后，必须让亲虾充分吸水后方可投放。亩投放亲虾量控制在 30 千克以下，雌雄比为 1.5～2.0：1；也可直接投放抱卵亲虾，亩投放数控制在 20 千克左右，适当搭配 5% 数量的雄虾，防止抱卵虾经过搬动后受精卵脱落，而放养雄虾可以使它再次交配、产卵。也可在前一年养殖的基础上，有意识地留下部分成虾，作为亲虾布池中饲养后繁育虾种，关键是留下的量估算要准确。通常情况下规格为 25～30 尾 / 千克的小龙虾可产受精卵 150～300 粒，在土池中孵化率一般为 40%～60%。亲虾投放量可依此进行推算。

3. 虾苗放养注意事项

（1）经过长途干法运输后的小龙虾种苗，在放养时要注意让其充分吸水，排出头胸甲两侧鳃内的空气，然后放养下池。

（2）如装运虾苗的水温与池塘水温相差较大，则应用塘水调节水温，等基本相同后再下塘放养。

（3）放养时不要堆放在同一处，要全池多点放养。

（4）放养前虾苗尽量不要在网箱中暂养，如要暂养，则暂养时间不能过长，一般只能在 10 个小时以内，并要在网箱内设置充气增氧设备。

（5）虾鱼混养池，虾苗要先放养，15 天后再放养鱼种。

（三）养成管理

1. 水质管理　小龙虾养殖池塘经过一段时间的投饵、施肥后，水质过浓，甚至偏酸性，水体质量下降，小龙虾摄食下降，甚至停止摄食，影响其生长及蜕壳速率。同时，不良的水质能使寄生虫、细菌等有害生物大量繁殖，导致疾病的发生和蔓延，致使养虾失败。因此，池水应按照季节变化及水温、水质状况及时进行调整，适时加水、换水、施追肥，做到"肥、活、嫩、爽"，使池水经常保持充足的氧气和丰富的浮游生物，营造一个良好的水质环境。

（1）**水位控制**　小龙虾的养殖水位根据水温的变化而定，坚持"春浅夏满"的原则。春季一般保持在0.6～1米，浅水有利于水草的生长、螺蛳的繁育和幼虾的蜕壳生长。夏季水温较高时，水深控制在1～1.5米，有利于小龙虾度过高温。

（2）**溶解氧**　水中溶解氧是影响龙虾生长的一个重要因素。溶解氧充足，水质清新，有利于小龙虾的生长和饲料的利用；溶解氧低，小龙虾的摄食量和消化率也低，并且呼吸作用加强，消耗能量较多，生长慢，饲料转化率也低。生产过程中，遇见恶劣天气及水质严重变坏时，应及时更换新水和充氧。

一般养虾池水的溶解氧保持在3～4毫克/升以上，对小龙虾的生长发育较为适宜。一旦溶解氧低于2毫克/升，将会引起小龙虾缺氧浮头，出现大量上岸或爬到水草上侧卧在上面，一边在水中，另一边暴露在空气中，经历过缺氧的小龙虾通常会出现虾壳变厚、颜色变深、生长缓慢等现象，也就是通常所说的"老头虾"。防止缺氧的有效方法是降低养殖密度、增加增氧设备、定期换水或加注新水。换水原则是蜕壳高峰期不换水，雨后不换水，水质较差时勤换水。一般每 7 天换水 1 次；高温季节每 2～3 天换水 1 次。换水量为池水的 20%～30%。有条件的还可以定期地向水体中泼洒一定量的光合细菌、硝化细菌之类的生物制剂调节水质。

（3）pH 值调节　每半个月泼洒 1 次生石灰水，用量为 1 米水深每亩 10 千克，使池水 pH 值保持在 7.5～8.5；同时可增加水体钙离子浓度，促进小龙虾蜕壳生长。

实际生产中发现水质败坏，且出现小龙虾上岸、攀爬、甚至死亡等现象时，必须尽快采取措施，改善水环境。

2. 日常管理

（1）**保持一定水草量**　水草对于改善和稳定水质有积极作用。漂浮植物水葫芦、水浮莲、水花生等最好拦在一起，成捆成片，平时可作为小龙虾的栖息场所，软壳虾躲在草丛中可免遭伤害，在夏季成片的水草可起到遮阳降温作用。

（2）**早晚坚持巡塘**　观察小龙虾摄食情况，及时调整投喂量，清除残饵，对食台定期进行消毒，以免引起小龙虾生病。工作人员应早晚巡塘，注意水质变化和测定，并做好详细的记录，发现问题及时采取措施。

①水温控制。每天早晨4～5时，下午2～3时各测气温、水温1次。测水温应使用表面温度计，要定点、定深度。一般是测定虾池平均水深30厘米的水温。记录某一段时间内池中的最高和最低温度。

②透明度调节。池水的透明度可反映水中悬浮物的多少，包括浮游生物、有机碎屑、淤泥和其他物质，它与小龙虾的生长、成活率、饵料生物的繁殖及高等水生植物的生长有直接的关系，是虾类养殖期间重点控制的因素。测量透明度简单的方法是使用沙氏盘（透明度板）。每天下午测定1次，一般养虾塘的透明度以保持在30～40厘米为宜，透明度过小，表明池水浑浊度较高，水过肥，需要注换新水；透明度过大，表明水过瘦，需要追施肥料。

③溶解氧管理。每天黎明前和下午2～3时，各测1次溶解氧，以掌握虾池中溶解氧变化的动态。溶解氧测定可用比色法或溶氧测定仪，溶解氧应保持在3毫克/升以上。

④不定期测定pH值、氨氮、亚硝酸盐、硫化氢等。养虾池塘要求pH值7.0～8.5，氨氮控制在0.6毫克/升以下，亚硝酸盐在0.01毫克/升以下。

⑤生长情况测定。每7～10天测量虾体长1次，每次测量不少于30尾，在池中分多处采样。测量工作要避开中午的高温期，以早晨或傍晚最好，同时观察虾胃的饱满度，以调节饲料的投喂量。

（3）定期检查、维修防逃设施 遇到大风、暴雨天气更要注意，以防小龙虾逃逸发生。

（4）**严防敌害生物危害** 有的养虾池鼠害严重，鱼、鸟和水蛇对小龙虾也有威胁。采取人力驱赶、工具捕捉、药物毒杀等方法彻底消灭老鼠，驱赶鱼、鸟和水蛇。

（5）**防治病害** 小龙虾在池塘中由于密度较高，水质易恶化而导致生病，要注意观察小龙虾活动情况，发现异常如不摄食、不活动、附肢腐烂、体表有污物等，可能是患了某种疾病，要尽快诊断，迅速施药治疗，减少损失。

（6）**塘口记录** 每个养殖塘口必须建立塘口记录档案，记录要详细，由专人负责，以便总结经验。

三、小龙虾稻田养殖技术

小龙虾的稻田养殖分为养虾与水稻生产同时进行的稻虾共生模式和种一茬水稻养一茬虾的稻虾连作模式。

（一）稻虾共生模式

早在20世纪60年代，美国就开始在稻田养殖小龙虾。我国的稻田养殖小龙虾是近几年才兴起的，发展相当迅速。稻田饲养小龙虾，是利用稻田的浅水环境，辅以人为措施，既种稻又养虾，提高稻田单位面积生产效益的一种生产形式。稻田里水质清新，水中溶解氧较高，光线弱，动、植物饵料丰富，为小龙虾提供良好的环境；小龙虾在稻田中摄食杂草、水生昆虫、浮游生物和水稻害虫，排泄的粪便又促进了水稻生长。稻田养虾还会提高水稻产量，相比一般稻田可增加产量5%～10%，增产效果好的可达14%～24%。稻田养虾具有投资少、见效快、收益大等优点，可有效利用我国农村土地资源，是值得推广的一项养殖方式。

1. 养虾稻田的选择与建设

（1）养虾稻田的选择 稻田养殖小龙虾应选择水源充足、水质优良、排灌方便、抗旱防涝的稻田。要求田埂不渗漏，保水性能好，底土肥沃不淤。有条件的地方，应集中连片开发，统一规划，统一改造。此外，还要求交通便利，便于饲料运输和饲养管理。养虾稻田应具备下列基本条件：

①水源与水质 水源充沛、水质良好无污染、排灌方便、雨季不淹、旱季不涸。平原地区稻田一般水源较好，排灌系统也较完善，抗洪抗旱能力强；丘陵山区水利条件较差的地方，如果大雨时不淹没田埂、干旱时能有水的稻田也适宜。水质pH值呈中性或弱碱性，一般河、湖、塘、库的水都可用；有些山溪、泉水的水温较低，但提高水温后引入稻田，也可利用。切忌引灌有毒的工业废水，城市、乡镇生活污水成分复杂，使用时要谨慎，应先做好调查和测定。

②土壤与环境 最好选择保水能力强、肥力高的壤土或黏土的田块。沙土保肥保水能力差，肥料流失快，土壤贫瘠，田间饵料生物少，养殖效果差。田底要求肥沃不淤，田埂坚固结实、不漏水，田块周边环境安静。

此外，养殖小龙虾的稻田四周应开阔向阳，光照充足，交通便利，通水、通电、通路。

③面积　稻田面积大小不限，小到一亩大到十几亩。根据各地不同的地理状况，可统一规划为 3～5 亩为好，以利于统一供种、排灌、施肥和防病治病。

④地势　最好选择地势较低的田块，以利于管水、调控水温和小龙虾越冬。

（2）**养虾稻田的基本建设**　养殖稻田在改造和建设时，既要考虑水稻的正常栽培，又要考虑有利于小龙虾的正常生长；既能满灌全排，又能保持一定的载虾水体，并有防止小龙虾逃跑的围栏设施。大面积的稻田养虾区，对水利设施要求较高，要具备必要的水源、灌排渠道和涵闸等水利设施，做到灌得进、排得出、降得快、避旱涝。最好要求每块稻田能独立门户，排灌分开，自成系统。不串灌，做到排灌自如，不相互干扰。

2. 虾苗放养前准备　稻田里养殖小龙虾在投放虾苗前应做好下列准备工作：

（1）**清沟消毒**　在 4 月底至 5 月初应进行清池消毒工作。清理环形虾沟和田间沟中的浮土，修正垮塌的沟壁。每亩稻田的养虾沟用生石灰 50～75 千克化水全池泼洒。也可用漂白粉，每亩用量 7.5 千克带水泼洒，以杀灭野杂鱼类、敌害生物和病原体等。待毒性消失后，即可进水。

（2）**适时整田与合理施肥**　在 5 月上旬整田，耕整方法可采用传统的耕作方式，也可以采用现代化的机械耕整。稻田整好后，要合理施肥，每亩施入农家肥 500

千克作为基肥。种植水稻的地方，还可施用氮、磷肥，但不要施用钾肥，可用草木灰代替。

（3）投放有益生物　在虾沟内投放一些有益生物，如水蚯蚓、田螺和蚌等，有利于增加水体中的活饵和净化水质。

（4）移栽水生植物　虾沟内可适量栽植轮叶黑藻、马来眼子菜等水生植物，或在沟边种植蕹菜、水葫芦等。但要控制水草的面积，一般占渠道面积的 30%～50%，以零星分布为好，不要聚集在一起，以免影响小龙虾的正常觅食和活动，同时还利于渠道内水流畅通无阻塞，能及时对稻田进行灌溉。

3. 虾苗放养

（1）放养方式　小龙虾苗种在放养前先要投放少量虾苗试水，试水安全后，才能投放虾种苗。小龙虾在稻田中饲养时，放养方法有两种：一是在 7～9 月份将小龙虾的亲虾直接放养在稻田虾沟内，让其自行繁殖，通常每亩放养规格为 20～40 只/千克的小龙虾亲虾 20～35千克，亲虾繁殖孵化出来的幼虾能直接摄食稻田水中的浮游生物，可有效提高成活率。二是直接从市场收购或人工繁育的小龙虾幼虾进行放养，一般规格为每千克250～600 只，每亩放养 1.5 万～2 万只，放养时间为 5月份水稻栽秧后 5～7 天，待秧苗返青时投放苗种。

（2）放养注意事项　放养时要注意虾苗质量，同一田块放养同一规格的虾苗，放养时一次放足。小龙虾在放养时，个体都有不同程度的体表损伤，因此放养之前要进行虾体消毒，可以用3%食盐水对虾苗虾种进行浸洗消毒，浸洗时间应根据当时的天气、气温及虾体本身的耐受程度灵活掌握，一般5～6月份放养的虾苗消毒时间宜控制在3～5分钟为宜。

从外地购进的虾苗，采用干法运输时，因离水时间较长，有些甚至出现昏迷现象，放养前应将虾苗在田水内浸泡1分钟，提起搁置2～3分钟，再浸泡1分钟，如此反复2～3次，让虾苗体表和鳃腔吸足水分后再放养，可有效提高虾苗的成活率。

投放虾苗时要注意以下三点：

一是选择在早晚或阴雨天投苗，以免虾苗发生温差危害。

二是沿虾沟均匀取点投放，以免虾苗过于集中，导致局部水体严重缺氧而引发虾苗窒息死亡。

三是不宜在阳光强烈和高温时投放虾苗。

4. 饲养管理

（1）投喂、施肥　养虾稻田除在沟内施基肥外，还应向环形沟和田间沟中投放一些水草、鲜嫩的旱草和腐熟的有机肥。在7～9月份小龙虾的生长旺季还可适当投喂一些螺蚌肉、鱼虾肉、屠宰场下脚料等；要保持虾沟内有较多的水生植物，数量不足要及时补放。投喂时，要将饵料投放在虾沟内或虾沟边缘，以利于小龙虾摄食，避免全田投放造成浪费。

稻田施用追肥时，要先适当排浅田水，让小龙虾进入虾沟内后再施肥，使化肥迅速沉积于底层田泥中利于水稻吸收。施肥时要禁用对小龙虾有危害的氨水、碳酸氢铵、钾肥等，可用尿素、过磷酸钙、生物复合肥等。养虾稻田在追施化肥时，一次的用量不能太大，应将平时一次的施肥量分作两次，间隔 7 天左右施用。施肥禁止施到虾沟内，施肥后及时加深田水至正常深度。

（2）**水质管理**　保持养虾稻田水质清新，发现小龙虾抱住稻秧或大批上岸，应立即加注新水。稻田平时的灌水深度在 10～15 厘米，由于稻田的水位较低，水位下降较快，必须及时灌水、补水。一般水温在 20～30℃时，每 10～15 天换水 1 次，水温在 30℃以上时，每 7～10 天换水 1 次。

当大批虾蜕壳时不要换水，不要干扰，以免影响小龙虾的正常蜕壳。由于稻田水质易偏酸性，为调节水质，应每 20 天用 25 毫克 / 升生石灰水泼洒 1 次，使 pH 值保持在 7～8.5。施用生石灰后，最好间隔 10 天再施药或施肥。如稻田已追施化肥或施用农药，也必须在 8～10 天后方可施用生石灰，以免化肥和农药失效。残留在虾沟内的饵料要及时捞出，以免败坏水质。

（3）**晒田**　在养虾期进行晒田时，要及时将小龙虾赶入虾沟内。晒田放水的量以刚露出田面即可，且时间要短，发现虾活动异常，应及时灌水。稻田秧苗返青时晒田要轻晒，稻谷抽穗前的晒田可适当重晒。

（4）**施药**　小龙虾对许多农药都较敏感，养虾稻田要尽量避免使用农药。如果水稻病害严重，应选用能在短期内分解、基本无残留的高效低毒农药或生物药剂。

对于除虫菊酯类、拟除虫菊酯类和有机氯类农药等，都不宜在稻田里使用。

施药时要详细阅读农药说明书，注意严格地把握农药安全使用浓度，确保小龙虾的安全。对于无法确定对小龙虾有无毒性的农药，可按施药后水中应有的药物浓度，配成水溶液，放入幼虾16尾左右，4天不死即可在稻田中使用。

施药前要将稻田里的水慢慢排干，将小龙虾引人虾沟内，同时保留虾沟的水位。应选择晴朗天气，使用喷雾器将药喷于水稻叶面，尽量不喷入虾沟中。施药时间不能在早晨，因早晨叶面上有大量露水，易使药液落入水中危及小龙虾。施药时间一般在下午4时以后，由于叶面经过1天的暴晒而缺水严重，施药后正好大量吸收。施药3～4天后可将稻田水位恢复到正常水位。

在施药后，如果发现小龙虾到处乱爬、口吐泡沫或急躁不安，说明发生中毒，要立即进行急救。一是马上换掉虾沟内的水，二是用20毫克/升生石灰水全田泼洒。

（5）**防敌害** 养虾稻田敌害较多，如青蛙、水蛇、肉食性鱼类等，在平时进水时要用网布过滤，以预防鱼害，并及时捕捉、驱赶蛙类、鸟类等。

5. 捕捞上市 放养模式不同，小龙虾各时期的规格也不同，所以捕捞时间也不一致。可在7月中旬开始捕捞，也可在9月份水稻收割后捕捞成虾。要随时观察小龙虾的生长，发现田中有大量大规格虾出现时，即可开始捕捞。捕捞时要实施轮捕轮放，捕大留小。由于小龙虾生长快，养殖中后期密度会越来越大，及时捕捞达到商品规格的虾上市，让未达到规格的小龙虾继续留下养殖，可有效地控制养殖密度，提高产量，增加养殖效益。捕捞要在10月上旬前完成，否则天气转凉后，小龙虾会在稻田内打洞潜伏而无法捕捉。捕捞前要疏通虾沟，慢慢降低水位，当只有虾沟内有水时，可快速放干沟中水，在排水口用网具捕捞，对剩下的虾可用手捕捉。在水稻收割前捕虾，也可采用放水捕捞方式。捕虾一般要在早上或傍晚凉爽时进行，气温较高时捕捉会造成小龙虾的大量死亡。对躲藏在洞内的虾，可留到翌年收获。

（二）稻虾连作模式

稻虾连作模式也称为稻虾轮作模式，是指种植一季中稻，在9月中旬稻谷收割后，进行小龙虾养殖。小龙虾养殖到翌年5月下旬至6月初，捕虾还田再种中稻。这主要是针对平原湖区或水洼地带的一些低湖田、冷浸田而采用的养虾方式。这类低湖田、冷浸田一般受水浸渍严重，地温较低，在种植一季中稻后，大多空闲。利用空田时间来养虾，可充分利用土地资源，增加效益。

1. 经营方式　用于稻虾连作的稻田面积可大可小，但对于面积大小不同的稻田在实际生产中必须采用适宜的经营方式才能取得较好的效益，否则会因管理不善和各种纠纷，导致养虾失败。我国农村经过几年的探索，总结出了3种行之有效的方法。一是自主经营。对于稻田面积较大的农户，自己独立进行稻虾连作的经营。二是承包经营。对于稻田面积较小没有兴趣养虾的农户，为了不让稻阻闲置，可将稻田集中租赁给别人进行小龙虾的养殖，自己只负责进行中稻的生产。三是股份制经营。有些稻田面积较小而又想养虾的农户，觉得前期开支过大，而且虾常跑到别人的稻田中而造成纠纷不断，于是便出现了相邻几家农户按稻田面积大小入股，按股投资、按股分红进行稻虾连作生产的方式。稻田之间不需加固堤埂，不需加装防逃设施，更不用担心相邻稻田的小龙虾"互相串门"，从而减少了早期投入，提高了生产效益。

2. 生产准备

（1）**消毒**　由于稻虾连作的稻田在种稻时其水体为开放式水体，田中有许多敌害生物，如杂鱼、有害昆虫、老鼠等，此外还滋生很多病菌。因此，在中稻收割之后，应进行消毒处理。如果田中有水，而且虾沟已挖好，每亩可用 15 千克漂白粉或 70～80 千克生石灰化水后在田内泼洒，同时田埂和田中土堆都要泼洒，如果水深不到 1 米，则应减少用量。

（2）**进水、施肥**　准备放虾前 7～10 天，往稻田灌水 0.2～0.3 米深，然后施肥培养饵料生物。一般每亩施有机农家肥 500～800 千克，农家肥肥效慢，肥效长，施后对虾的生长无影响，最好一次施足。同时，收稻后的稻草应全部留在田中，全田散撒或堆成小堆状都可，不要集中堆在一起。

（3）**其他准备**　在施基肥的同时，还要在虾沟中移栽水草。一般水草占虾沟一半的面积,以零星分布为好,不要聚集在一起,这样有利于虾沟内水流畅通无阻塞。另外,也可设置一些网片、树枝和竹筒。还可利用与虾洞直径大小相仿的木桩,在出埂边、人造小土堆以及稻田中央,人工挖掘竖洞或30°左右的斜洞,不要挖成横洞。向阳避风的地方多打,朝北的地方少打,为小龙虾交配繁殖和越冬做好准备。

3. 小龙虾苗种的投放 用作稻虾连作的稻田,若以前未开挖虾沟,则要在中稻收割完毕后,及时抓紧时间开挖虾沟。虾沟开挖后,马上灌水投放小龙虾进行养殖。

(1)投放抱卵虾 中稻收割后的9月中旬左右,从养殖基地或是市场收购体质健壮、无病无伤、附肢齐全、规格整齐、个体较大(体重40克以上)的抱卵亲虾,放入稻田让其孵化,放养量为每亩15～20千克。

(2)投放幼虾 在9月中下旬,将稻田灌水后,往稻田中施入农家肥作基肥来培肥水质,用量约为每亩500千克,然后投放体长2～4厘米规格的幼虾2万尾左右。

(3)投放亲虾 若用于稻虾连作的稻田以前养过虾,有开挖好的虾沟,则可在7～8月份向虾沟中投放颜色暗红有光泽、附肢齐全无损伤、体质健壮、活动力强的35克以上的大个体小龙虾亲虾,每亩投放量为20～25千克。投放的亲虾雌性要多于雄性,最好雌雄比为3∶1。

(4)注意事项 在投放抱卵虾和亲虾时,虾的运输时间要短,要选择气温较低时进行。如果气温较高,要加冰块降温。在收集、投放抱卵虾和亲虾时,操作要小心，特别是不能将抱卵虾的卵弄掉。投放前，要用5%盐水浸洗虾体3～5分钟，洗浴过程中，发现虾稍有不适就要放虾入田。浸洗时，虾的密度一定不能大，否则易引起虾大批死亡。

亲虾、抱卵虾投放时，要先将装虾的虾篓、虾筐放入稻田沟中浸泡2～3分钟后提起，在田边搁置几分钟，再放入稻田沟浸泡，如此反复1～2次，让虾适应水温后再投放。

幼虾投放时，也要采取措施来让虾适应水温。若是用氧气袋运输幼虾，可不打开包装直接浸入稻田水中10～20分钟后，再打开包装将虾缓慢放入水中。对于用桶、罐等带水运输的幼虾，要将田里的水用瓢少量多次地加入装虾容器内进行调温，约10分钟后，连虾带水缓慢地放入池中，不可一下子倒入，否则会使幼虾昏迷、损伤。

4. 生产管理

（1）**灌水** 养虾稻田在放虾前都要及时灌水。对于采用中稻收割前投放亲虾养殖模式的稻田，稻田的排水、晒田、收割等活动均可正常进行。但在排水时，要慢慢让水量减少，以使进入沟外稻田中的亲虾回到环沟和田间沟内，在稻田变干、虾沟内水深60～70厘米时，停止放水。在中稻收割完后及时灌水。

（2）**消毒** 每月应向稻田中泼洒20毫克/升生石灰水1次，杀灭水体中病原体，预防疾病，同时还可补充小龙虾所需的钙质。

（3）**施肥** 中稻收割后投放抱卵虾、亲虾和幼虾的稻田，要追施一些腐熟的有机肥培肥水质，为仔虾、幼虾提供充足的食物。在中稻收割前投放亲虾的稻田，也要在中稻收割后及时灌水、追施腐熟的有机肥。一般每个月施追肥1次，每次每亩施肥量为150千克左右。除越冬期不施外，其他月份都要追施肥料。

（4）投喂　对于投放亲虾、抱卵虾的稻田，亲虾和抱卵虾可摄食稻田内的腐殖质、水生昆虫、浮游生物、有机碎屑等，因此至大量幼虾出来活动的这段时间内，可不投喂。在稻田内有大量幼虾时，要加强对幼虾的培育。除了虾沟内在投苗、投种前已移栽的水草外，还应每周投喂1～2次小龙虾易食用的水草。

若灌水后的2～3个月内，稻田中水质较浓，白天少见幼虾活动，则可不投喂饵料。若水质清淡，白天即可看见大量幼虾活动时，就要及时投喂饵料以加强幼虾食物的补充。投喂的饵料有麸皮、米糠、螺蚌肉、鱼虾肉、屠宰场下脚料以及鲤鱼、鲫鱼的人工配合饲料等。投喂时要荤素搭配，每天投喂量为500～1 000克，要根据幼虾摄食情况进行调整，以使虾刚吃完为好。每天上午、傍晚各投喂1次。当水温低于12℃后，小龙虾进入越冬期，可停止投喂。在投喂的饵料中添加0.1%～0.15%虾蜕壳素，可以加快小龙虾蜕壳，缩短蜕壳周期，保证群体蜕壳的同步性以及提高小龙虾产量。

小龙虾度过越冬期后，要加强水草、饵料的投喂。一般每月投喂2次水草，每天投喂麸皮、饼粕、小麦、稻谷、螺蚌肉、鱼虾肉、下脚料、配合饲料等。在3～4

月份，每天投喂量为 1500～2 000 克，4 月份以后，每天投喂量为 3 000 克左右，要根据摄食情况调整投喂量，且要荤素间隔投喂，以保证营养均衡。

由于稻田中的饵料生物在有稻秆的地方较多，一般虾活动的区域也在稻田中央，虾沟只有少量，所以投喂地点也应越过虾沟，投到稻田中去，最好定时、定点、定量。一般每亩设 2～3 个投喂点即可，但豆浆、米浆要全田泼洒。

（5）**其他管理措施** 对于投放亲虾、抱卵虾的稻田，在发现稻田中有大量离开母体独立活动的幼虾出现时，即可将亲虾捕捞出。

冬季如遇结冰且多日不化时需要打破冰面，增加水中溶解氧。翌年 3 月份左右，小龙虾度过越冬期，水温开始上升，可采用降低水位、增加日照量的方法提高水温。

在养殖过程中，要密切观察水位的变化，及时充水。还要防病、防敌害，及时驱赶鸟类和青蛙，捕捉水蛇、老鼠、黄鳝等。

5. 捕捞上市 稻虾连作的稻田由于在插秧整田前要将小龙虾全部捕捞完毕，所以除捕捞已产卵孵化的亲虾外，主要的捕捞时间集中在 4 月中下旬至 5 月中下旬。早期捕捞时，要捕大留小，让一部分小个体继续生长，在后期则要全部捞出。最后到 6 月初中稻插秧整田前，干田捕虾。对于捕捞出的小个体虾，可放入其他水体内寄养，待长大后上市，以提高效益。

捕捞可采用虾笼和地笼网起捕。这两种方法不仅起捕率高，而且不伤虾，是目前最常用的方法。每天傍晚将虾笼或地笼网置于虾沟中或田中央，一般每亩只需1条地笼网，如果用虾笼则要放若干个。每天清晨起笼收虾，最后也可排干田水，将虾全部捕获。

稻虾连作的稻田在稻田耕作之前还有许多产卵的亲虾在洞穴中没有出来，虾沟里也会有许多虾没有捕捞干净，这些都可以作为翌年的虾种，但稻田当中的虾很可能在耕作时死亡，所以在耕作之前应尽量将稻田中的虾赶入虾沟中，或者使用降低水位的方法使其离开洞穴，进入虾沟。在种植水稻时，要采用免耕法栽种，使之不破坏小龙虾繁育的生态环境，保证下一个养殖周期有足够的虾种。由于上一年养殖后没有捕完的虾都可以作为翌年的虾种，而且还要经过几个月的增殖，因此翌年的虾种放养量应较上一年少。

稻虾连作的稻田正常投放小龙虾，一般每亩可产虾150～200千克。对于中稻收割后投放亲虾的稻田，由于养殖季节的推迟，一般只可产虾100～150千克。

四、小龙虾与水生经济植物共生生态养殖技术

利用水生经济植物田（池）养殖小龙虾是种养结合的生态渔业养殖新模式，具有投资少、管理方便、经济效益高等特点，有利于提高小龙虾养殖综合生产能力和小龙虾产品品质。

（一）水芹田养殖小龙虾

水芹菜地生态养殖小龙虾是一种新的养殖模式，利用池塘8月份之前养殖小龙虾，8月份至翌年2月份种植水芹的一种轮作生产模式。根据小龙虾和水芹生长高峰期的时间差，在小龙虾生长的非高峰期进行水芹种植，一方面利用水芹吸肥能力强的特点板结淤泥，减少池塘有机质；另一方面利用水芹生长期留下的残叶为小龙虾越冬和生长提供优越的条件。水芹能够在春节前后上市销售，大大地提高了池塘产出效益。这种养殖模式受到越来越多养殖户的青睐。

1. 水芹田改造　水芹田四周开挖环沟和中央沟，沟宽1～2米，深50～60厘米，开挖的泥土用以加固池埂，池埂高1.5米，压实夯牢，不渗不漏。水源充足，溶解氧5毫克/升以上，pH值7.0～8.5。排灌方便，进排水分开，进排水口用铁丝、聚乙烯双层密眼网扎牢封好，以防虾逃逸和敌害生物侵入。同时，配备水泵、增氧机等机械设备，每5亩配备1台1.5千瓦的增氧机。

2. 放养前准备

（1）**清池消毒**　虾池水深10厘米，每亩用15～20千克茶粕清池消毒。

（2）**水草种植**　水草品种可选择苦草、轮叶黑藻、马来眼子菜、伊乐藻等沉水植物，也可用水花生或水蕹菜（空心菜）等水生植物，水草种植面积占虾池总面积的30%左右。

（3）**施肥培水**　虾苗放养前 7 天，每亩施放腐熟有机肥如鸡粪 150 千克，以培育浮游生物。

3. 虾苗放养　通过苗种繁育池的改造、水芹菜防护草墙的构建、水草的移植等手段，营造了良好的苗种生态环境，按照小龙虾的交配繁殖习性，秋季雌雄亲虾以 1.5∶1 比例每亩放养 40 千克左右，经过强化培育，入冬前合理降低繁育池水位，到开春后适时放水繁育苗种，每亩产幼虾预计达 20 万尾。4～5 月份，每亩放养规格为 250～600 尾/千克的幼虾 1.5 万～2 万尾。选择晴好天气放养，放养前先取池水试养虾苗，虾苗放养时温差应小于 2℃。

4. 饲养管理

（1）**饲料投喂**　饲料可使用绞碎的米糠、豆饼、麸皮、杂鱼、螺蚌肉、蚕蛹、蚯蚓、屠宰场下脚料或配合饲料等，根据不同生长阶段投喂不同饲料，保证饲料营养与适口性，坚持四定、四看投饵原则。日投喂量为虾体重的 3%～5%，分两次投喂，上午 8 时投喂量占 30%，下午 5 时投喂量占 70%。

（2）**水质调控**

①养殖池水　养殖前期（4～5 月份）要保持水体有一定的肥度。透明度控制在 25～30 厘米。中后期（6～8 月份）应加换新水，防止水质老化，保持水中溶解氧充足，透明度控制在 30～40 厘米，溶解氧保持在 4 毫克/升以上，pH 值 7.0～8.5。

②注换新水　养殖前期不换水，每 7～10 天注新水

1次，每次10～20厘米，中后期每15～20天注换水1次，每次换水量15～20厘米。

（3）**巡塘** 每天早晚各巡塘1次，观察水色变化、虾活动和摄食情况；检查池埂有无渗漏，防逃设施是否完好。生长期间，一般每天凌晨和中午各开增氧机1次，每次1～2小时，雨天或气压低时，延长开机时间。

5. 病害防治 坚持以防为主、综合防治的原则，如发现养殖虾患病，应选准确诊断，对症下药，及时治疗。

6. 捕捞上市 7月底8月初，在环沟、中央沟设置地笼捕捞，也可在出水口设置网袋，通过排水捕捞，最后排干田水进行捕捉。捕捞的小龙虾分规格及时上市或作虾种出售。

（二）藕田藕池养殖小龙虾

我国华东、华南地区的藕田藕池资源丰富，但利用藕田藕池养鱼养虾的很少，使藕田藕池中的天然饵料白白浪费。在藕田、藕池中养殖小龙虾，是充分利用藕田、藕池水体、土地、肥力、溶解氧、光照、热能和生物资源等自然条件的一种养殖模式，能将种植业与养殖业有机地结合起来，达到藕、虾双丰收，增加综合效益。

栽种莲藕的水体大体上可分为藕池与藕田两种类型：藕池多是坑塘，水深多在50～180厘米，栽培期为4～10月份，藕叶遮盖整个水面的时间为7～9月份。藕田是专为种藕修建的池子，池底多经过踏实或压实，水浅，一般为10～30厘米，栽培期为4～9月份。藕池的可塑性较小，养殖小龙虾，多采用粗放的养殖方式。藕田由于便于改造，可塑性较大，进行小龙虾养殖，生产潜力较大，这里着重介绍藕田养殖小龙虾技术。

1. 藕田改造 要求藕田水源充足、水质良好、无污染、排灌方便和抗洪、抗旱能力较强。池中土壤的 pH 值呈中性至微碱性，阳光充足，光照时间长，浮游生物繁殖快，尤其以背风向阳的藕田为好。忌用有工业污水流入的藕田养小龙虾。

养虾藕田的改造主要有三项，即加固加高田埂，开挖虾沟、虾坑，以及修建进排水口防逃栅栏。

（1）加固加高田埂 养殖小龙虾的藕田需加高、加宽和夯实池埂。加固的田埂应高出水面40～50厘米，田埂四周用塑料薄膜或钙塑板修建防逃墙，最好再用塑料网布覆盖田埂内坡，下部埋入土中20～30厘米，上部高出埂面70～80厘米；田埂基部加宽80～100厘米。每隔1.5米用木桩或竹竿支撑固定，网片上部内侧缝上宽度30厘米左右的农用薄膜，形成"倒挂须"，防止小龙虾攀爬外逃。

（2）开挖虾沟、虾坑 为了给小龙虾创造一个良好的生活环境和便于集中捕虾，需在藕田中开挖虾沟和虾坑。开挖时间一般在冬末或初春，并要求一次性建好。虾坑深50厘米，面积3～5米^2，虾坑与虾坑之间，开挖深度为50厘米、宽度为30～40厘米的虾沟。虾沟可呈"十""田""井"字形。一般小田挖成"十"字形，大田挖成"田""井"字形。整个田中的虾沟与虾坑要相通。一般每亩藕田开挖一个虾坑，面积为 20～30 米²，藕田的进水口与排水口要呈对角排列，并与虾沟、虾坑相通连接。

（3）**进排水口防逃栅**　进排水口安装竹箔、铁丝网等防逃栅栏，高度应高出田埂 20 厘米，其中进排水口的防逃栅栏呈弧形或"U"形安装固定，凸面朝向水流。注水、排水时，如果水中渣屑多或藕田面积大，可设双层栅栏，里层拦虾，外层拦杂物。

2. 消毒施肥　在放养虾苗前 10～15 天对藕田消毒施肥，每亩藕田用生石灰 100～150 千克，化水全田泼洒，或选用其他药物对藕田和饲养坑、沟进行彻底清田消毒。施肥应以基肥为主，每亩施有机肥 1 500～2 000 千克；也可以加施化肥，每亩用碳酸氢铵 20 千克，过磷酸钙 20 千克。基肥要施入藕田耕作层内，一次施足，减少日后施追肥的数量和次数。

3. 虾苗放养　放养方式类似于稻田养虾，但因藕田中常年有水，因此放养量比稻田养虾的放养量要稍大一些。小龙虾的亲虾直接放养在藕田内，让其自行繁殖。放养规格为 20～40 只 / 千克的小龙虾 25～35 千克 / 亩；放养规格为 250～600 只 / 千克小龙虾幼虾，1.5 万～2 万只 / 亩。

虾苗在放养前要用 3% 食盐水对虾苗虾种进行浸洗消毒 3～5 分钟。具体时间应根据当时的天气、气温及虾苗本身的耐受程度灵活掌握，采用干法运输的虾种离水时间较长，要将虾种在田水内浸泡 1 分钟，提起搁置

2～3分钟，反复几次，让虾种体表和鳃腔吸足水分后再放养。

4. 饲料投喂　藕田饲养小龙虾，投喂饲料同样要遵循"四定"的原则。投喂量以藕田中天然饵料的多少与小龙虾的放养密度而定。投喂饲料采取定点的办法，即在水位较浅，靠近虾沟虾坑的区域，拔掉一部分藕叶，使其形成明水区，投喂在此区内进行。在投喂饲料的整个过程，遵守"开头少，中间多，后期少"的原则。

成虾养殖可直接投喂绞碎的米糠、豆饼、麸皮、杂鱼、螺蚌肉、蚕蛹、蚯蚓、屠宰场下脚料或配合饲料等，保持饲料蛋白质含量在25%左右。5～9月份水温适宜，是小龙虾生长旺期，一般每天投喂2～3次，时间在上午9～10时和日落前后或夜间，日投喂量为虾体重的5%～8%；其余季节每天可投喂1次，于日落前后进行，或根据摄食情况于次日上午补喂1次，日投喂量为虾体重的1%～3%。饲料应投在池塘四周浅水处，小龙虾集中的地方可适当多投，以利于其摄食和检查摄食情况。

投喂需注意，天气晴好时多投，高温闷热、连续阴雨天或水质过浓时则少投；大批虾蜕壳时少投，蜕壳后多投。

5. 日常管理　藕田养殖小龙虾，在初期宜灌浅水，水深10厘米左右即可。随着藕和虾的生长，田水要逐渐加深到15～20厘米，促进藕的生长。藕田灌深水和藕的生长旺季，由于藕田追肥及水面被藕叶覆盖，水体由于光照不足及水质过肥，常呈灰白色或深褐色，水体缺氧，在后半夜尤为严重。此时小龙虾常会借助藕茎攀到水面，利用鳃直接进行空气呼吸，以维持生存。饲养过程中，要采取定期加水和排出部分老水的方法，调控水质，保持田水溶解氧在 4 毫克/升以上，pH 值 7～8.5，透明度 35 厘米左右。每 15～20 天换 1 次水，每次换水量为池塘原水量的 1/3 左右。每 20 天泼洒 1 次生石灰水，每次每亩用生石灰 10 千克，在改善池水质的同时，增加池水中钙离子的含量，促进小龙虾蜕壳生长。

养虾藕田的施肥以基肥为主，约占总施肥量的 70%，同时适当搭配化肥。施追肥时要注意气温低时多施，气温高时少施，防止施肥对小龙虾生长造成影响，可采取半边先施、半边后施的方法交替进行。

五、草荡与圩滩地养殖小龙虾技术

利用草荡、圩滩地大水面优越的自然条件与丰富的生物饵料养殖小龙虾，具有省工、省饲、投资少、成本低、收益高等优点，可采用鱼、虾、蟹混养和水生植物共生的模式，综合利用水域。草荡、圩滩地养虾是利用我国大水面资源的有效途径之一。

（一）养殖水体选择及养虾设施建设

草荡、圩滩地养虾，要求选择水源充沛、水质良好，水位稳定且易控制，水生植物和天然饵料资源比较丰富，水口较少的草荡、圩滩地，尤其以封闭式草荡、圩滩地最为适宜，有利于提高起捕率和产量。

选择养虾的草荡、圩滩地，要按照虾的生态习性，搞好基础设施建设。开挖养虾沟或河道，特别是一些水位浅的草荡、圩滩地。通常在草滩四周开挖，其面积占整个草荡的30%。虾沟主要的作用是春季放养虾种、鱼种，冬季也是小龙虾栖息穴居的地方。由于小龙虾有逆水上溯行为，因此，在养殖区域要设置防逃设施，尤其是进排水口需安装栅栏等防逃设施。

（二）种苗放养前的准备

1. 清除致害鱼类　对草荡、圩滩地养殖小龙虾危害较大的鱼类有乌鳢、鲤鱼、草鱼等，这些鱼类不但与小龙虾抢食底栖动物和优质水草，有的还会吞食虾苗和软壳虾。在小龙虾种苗放养前进行一次彻底的清除，方法是用几台功率较大的电捕鱼器并排前行，来回几次清除草荡、圩滩地内的敌害鱼类。

2. 改良水草种类和控制水草生长　草荡、圩滩地内水草覆盖面应保持在90%以上，水草不足时应移植伊乐藻、轮叶黑藻、马来眼子菜等小龙虾喜食且又不污染水质的水草。另外，根据草荡、圩滩地内水草的生长情况，不定期地割掉水草老化的上部，以便使其及时长出嫩草，供小龙虾食用。

3. 投放足量螺蛳　草荡、圩滩地内清除敌害生物后开始投放螺蛳，螺蛳投放的最佳时间是2月底到3月中旬，螺蛳的投放量为400～500千克/亩，让其自然繁殖。当网围内的螺蛳资源不足时，要及时增补，确保网围内保持足够数量的螺蛳资源。

（三）种苗放养

草荡、圩滩地放养有两种放养模式，一种是在 7～9月份按面积每亩投放经挑选的小龙虾亲虾 18～25 千克，平均规格 40 克以上，雌雄比 2～1∶1。投放亲虾后不需投喂饲料，第二年的 4～6 月份开始用地笼、虾笼捕捞，捕大留小，年底保存一定数量的留塘亲虾，用于来年的虾苗繁殖。另一种是在春天 4～6 月份按面积投放小龙虾幼虾，规格为 50～100 尾 / 千克，每亩投放 25～30千克。通常两种放养量可达到每亩 50～75 千克的产量。

草荡、圩滩地放养虾后，开春也可以放养河蟹和鱼类，放养量每亩放养规格为 50～100 只/千克的一龄蟹种100～200 只，鳜鱼种 10～15 尾，一龄鲢、鳙鱼种 50～100 尾，充分利用养殖水体，提高养殖经济效益。

（四）饲养管理

1. 投饵管理　草荡、圩滩地养殖小龙虾一般采用粗养的方法，即利用草荡、圩滩地内的天然饵料。为提高效益，粗养过程中也要适当投喂饵料。特别是 6～9 月份，是小龙虾的生长期，投足饲料能提高养殖产量。要根据小龙虾投喂后的饱食度来调整投饵次数。一般每天投喂 2 次，上午 9 时和下午 5 时各投喂 1 次，日投饵量在2%～5%。上午投在水草深处，下午可投在浅水区。投喂后要检查摄食情况，一般以投喂后 2 小时吃完为宜。

2. 水质管理　放养初期草荡、圩滩地水位可浅一些，随着气温升高，鱼虾蟹吃食能力增强，应及时通过水闸灌注新鲜水，使水保持 1～1.2 米，使小龙虾能在草滩觅食。7～8 月份气温高，可将水位逐渐加深并保持相对稳定，以增加鱼虾蟹的活动空间。秋季根据水质变化情况，及时补进新水，保持水质良好，有利于小龙虾和河蟹的生长、肥育。

3. 日常管理　实行专人值班，坚持每天早晚各巡田 1 次，严格执行以"四查"为主要内容的管理责任制。一查水位水质变化情况，定期测量水温、溶解氧、pH 值等；二查小龙虾活动摄食情况；三查防逃设施完好程度；四查病敌害侵袭情况。发现问题立即采取相应措施，并做好值班日记。

（五）捕捞上市

小龙虾在饵料丰富、水质良好、栖息水草多的环境内，生长迅速，捕捞可根据放养模式进行。放养亲本种虾的草荡、圩滩地，可在 5～6 月份用地笼开始捕虾，捕大留小，一直到 10 月份天气转凉为止；9～10 月份草荡、圩滩地中降低水位捕出河蟹和鱼类。小龙虾捕捞时要留下一部分性成熟的亲虾，作为翌年养殖的苗种来源。

六、大水面增养殖小龙虾技术

对于浅水湖泊、草型湖泊、涸泽、湿地以及季节性沟渠等面积较大、又不利于鱼类养殖的水体可放养小龙虾。放养方法是在7～9月份每亩投放经挑选的小龙虾亲虾18～20千克，平均规格40克以上，雌雄比1～2：1。到第二年的4～6月份开始用地笼、虾笼捕捞，捕大留小，年亩产小龙虾商品虾可在50～75千克，以后每年只收获，无须放种。此种模式需注意的是捕捞不可过度，如捕捞过度，来年的产量必然会大大降低，此时就需要补充放种。此种模式虽然无须投喂饲料，但要注意培植水体中的水生植物，使小龙虾有充足的食物。培植的方法是定期往水体中投放一些带根的沉水植物即可。

（一）养殖地点的选择及设施建设

1. 地点选择　优先选择水草资源茂盛、湖底平坦、常年平均水深在0.4～0.6米的湖泊浅水区，周围没有污染源，既不影响蓄洪泄洪，又不妨碍交通的地方。这样发展小龙虾增养殖，才能达到预期的养殖效果。

2. 设施建设　在选好的养殖区四周，用毛竹或树棍作桩，塑料薄膜或密眼聚乙烯网作防逃设施材料，建好简易围栏养殖设施。每块网围养殖区的面积以30亩左右为宜，几百亩的大块网围区也可以。

（二）虾种放养

1. 放养前准备工作

①清障除野。清除养殖区内的小树、木桩以及其他障碍物等，凶猛鱼类以及其他敌害生物也要彻底清除。

②用生石灰或其他药物，彻底消毒。

③移栽或改良水生植物，设置聚乙烯网片、竹筒等，增设栖息隐蔽场所。

2. 虾种放养　有秋冬放养和夏秋放养 2 种类型。

（1）秋冬放养　在 11～12 月份进行，以放养当年培育的虾种为主。虾种规格要求在 3 厘米以上，规格整齐，体质健壮，无病无伤，每亩可放养 4 000～6 000 尾。

（2）夏秋放养　以放养虾苗或虾种为主，每亩可放养虾苗 1.2 万～1.5 万尾，或放养虾种 0.8 万～1 万尾。也可在 5～6 月份直接放养成虾，规格为 25～30 克／只，每亩可放养 3～5 千克，注意雌雄配比。通过饲养管理，让其交配产卵、孵化虾苗，实行增养结合。

（三）饲养管理

1. 饵料投喂　小型湖荡养殖小龙虾，一般都是以利用天然饵料为主，只需在虾种、成虾放养初期，适量增设一些用小杂鱼加工成的动物性饵料即可。此外，在 11～12 月份也应补投一些动物性饵料，以弥补天然饵料的不足。如果实行精养，放养的虾种数量较多，则可参照池塘养殖小龙虾进行投饵。

2. 防汛防逃　小型湖荡养殖小龙虾，最怕的是汛期陡然涨水和大片水生植物漂流下来压垮围栏设施。因而要提前做防汛准备，备好防汛器材，及时清理上游漂浮的水生植物，加高加固围栏设施。汛期派专人值班，每天检查，确保万无一失。

3. 清野除害 小型湖荡养殖小龙虾，由于水面大，围栏设施也比较简陋，因而凶猛鱼类以及其他敌害、小杂鱼等很容易进入。因此，要定期组织捕捞，将侵入的凶猛鱼类和野杂鱼清除。

（四）捕捞上市

商品虾的捕捞主要在 6～7 月份。捕捞的工具主要有地笼网、手抄网、托虾网等。应根据市场需求，有计划地起捕上市，实现产品增值。同时，还要留下一定数量的亲虾，让其交配、产卵、孵幼，为下一年小龙虾养殖提供足够的优质种苗。

七、网箱养殖小龙虾技术

（一）网箱的规格与设置

网箱通常选购聚乙烯网片经制的网箱，为便于操作，网箱的规格一般长宽均为 2.5～3.0 米，高为 1.5～2.0 米，设置时在网箱顶部四周缝上塑料片，防止龙虾逃跑；网箱入水深度为 1～1.5 米，水面上网箱高度保持 0.5 米。网箱底端要离池底 30 厘米以上。在网箱内投放水花生、水葫芦、水浮莲或树枝束、杨树根须等，作为小龙虾隐蔽、栖息、蜕壳的场所。

一般放养大规格小龙虾种苗（规格为 60～100 尾/千克），放养时间为 5 月中下旬至 6 月中上旬，同一网箱幼虾规格要整齐，体格要健壮，附肢要齐全，无病无伤。放养时间选择晴天上午，一次放足，一般每平方米放养幼虾 1.5 千克。

（二）投 喂

网箱养殖小龙虾不同于池塘养殖，缺乏天然饵料。因此，网箱养殖小龙虾的饵料全靠人工投喂。除喂足植物性饵料外，动物性饵料更不可缺。小龙虾的饵料最好是含粗蛋白质 30% 左右的配合颗粒饲料，同时定期不断投喂螺、蚬、蚌肉和小杂鱼糜，每天投喂量为网箱存虾重的 5%～8%。每天投喂 2 次，上下午各投喂 1 次，下午投喂量要多，占全天投喂量的 70%。

（三）日常管理

定期清洗网箱的网衣，保持网目的通透性，维持水体交换，清理网箱底残饵污物，防止水质污染、定期注入新水，增加水体溶解氧，定期检查网箱有无破损，防止水鼠敌害。

（四）捕捞上市

当小龙虾生长 1～2 个月后规格在 8 厘米以上时即可捕捉上市，捕大留小，捕捞时使用手抄网捕捉。

八、不同养殖模式下小龙虾养殖效益实例

（一）池塘养殖模式下小龙虾养殖效益分析

不同小龙虾池塘养殖模式的养殖效益总结见表5-2。

池塘精养模式，小龙虾亩产量最高为291.4千克，产值为1.18万元；其他产品的产量为61.6千克，产值为0.11万元。该模式所投入的成本为0.73万元，总利润为0.56万元。

池塘中套养沙塘鳢模式，小龙虾的亩产量为191.6千克，产值为0.76万元；其他产品亩产量为114千克，产值为0.42万元。该模式所投入的成本为0.56万元，总利润为0.62元。

虾、蟹、鱼混养模式，小龙虾的亩产量最低为50.2千克，产值为0.23万元；其他产品的亩产量为191.2千克，产值为1.17万元。该模式投入的成本为0.65万元，总利润为0.75万元左右。

水芹、虾、鱼轮作模式，小龙虾的亩产量为65千克，产值为0.18万元；其他产品的亩产量为4 279千克，产值为0.845万元。该模式所投入的成本为0.465万元，总利润为0.62万元。

虾、鱼、甲鱼混养模式，小龙虾亩产量为150千克，产值为0.5万元；其他产品的亩产量为53.25千克，产值为0.49万元。该模式所投入的成本为0.255万元，总利

表 5-2 池塘养殖模式下小龙虾单位面积（亩）效益比较

养殖模式	小龙虾产量（千克）	规格（克）	产值（万元）	其他产品 产量/千克	其他产品 产值（万元）	总成本（万元）	总利润（万元）
池塘精养	291.4	62	1.18	鳙鱼 65.5；白鲢 86.1	0.11	0.73	0.56
套养沙塘鳢	191.6	57	0.76	河蟹 16.7；沙塘鳢 46.6；花、白鲢 50.7	0.42	0.56	0.62
虾、蟹、鱼混养	50.2	60	0.23	河蟹 127.8；花、白鲢 63.4	1.17	0.65	0.75
水芹、虾、鱼轮作	65	30～40	0.18	白鲢 150；鳙鱼 55；异育银鲫 74；水芹 4000	0.845	0.465	0.62
虾、甲鱼混养	150	40	0.5	甲鱼 22.5；白鲢 15；鳜鱼 3.25；花鲢 12.5；鲴鱼 3	0.49	0.255	0.735
虾、蟹、甲鱼混养	70	33	0.154	甲鱼 79.8；河蟹 64	1.481	0.733	0.902

润为 0.735 万元。

虾、蟹、甲鱼混养模式，小龙虾亩产量为 70 千克，小龙虾的产值为 0.154 万元；其他产品的亩产量为 143.8 千克，产值为 1.481 万元。该模式所投入的成本为 0.733 万元，总利润为 0.902 万元。

（二）稻田养殖模式下小龙虾养殖效益分析

不同稻田养殖模式下小龙虾养殖效益见表 5-3。

稻、虾连作和稻、虾共生模式，一般亩产小龙虾 100 千克左右、稻谷 500 千克左右，一般比单种水稻或稻麦连作增加纯收入 1 000 元以上。如湖北潜江 20 万亩稻虾连作，平均亩产小龙虾 80 千克、稻谷 550 千克，亩增效益 1 350 元；江苏金湖复连村 719 亩稻虾共生，亩产龙虾 110 千克、稻谷 450 千克，亩均纯利 1 957 元，亩增收 1 100 元以上。

稻、虾轮作或稻、虾连作＋同作模式，小龙虾单产水平相对较高，亩产小龙虾可达 200 千克以上，亩综合效益可达 3 000 元以上。如江苏盐城大丰市宝龙集团在斗龙港村推广虾稻轮作 5 000 亩，亩产小龙虾 350 千克，亩效益 4 000 元以上。

有机大米稻、虾养殖模式，每亩可以收获有机大米 180 千克、优质小龙虾 150 千克，亩均纯收入 4 000 多元。

稻、鱼、虾、鳖混养模式，亩产小龙虾 30.2 千克，产值 0.12 万元；亩产中华鳖 80.3 千克、水稻 475 千克和鱼 73.48 千克，总产值 1.127 万元，亩投入成本 0.74 万元，

表5-3　稻田养殖模式下小龙虾单位面积（亩）效益比较

养殖模式	小龙虾产量			其他产品				总成本（万元）	总利润（万元）
	产量（千克）	规格	产值（万元）	产量（千克）			产值（万元）		
稻、鱼、虾、鳖混养	30.2	40	0.12	鳖 80.3	鱼 73.48	稻 475	1.127	0.74	0.507
稻、虾、蟹、鱼混养	60.9	28	0.15	蟹 29.6	鱼 16.7	稻 485	0.39	0.24	0.3
稻虾养殖	150	30	0.45	有机稻 180			0.117	0.167	0.4
稻、虾养殖（湖北）	80	28～30	0.24	普通稻 550			0.165	0.134	0.271

总利润达到 0.507 万元。

　　稻、虾、蟹、鱼混养模式，小龙虾产量达到 60.9 千克，产值 0.15 万元；产河蟹 29.6 千克，鱼 16.7 千克，水稻 485 千克，总产值 0.54 万元，总投入 0.24 万元，总利润 0.3 万元。

　　根据目前的小龙虾养殖模式和经济效益状况看，无论采取哪种小龙虾养殖模式均有一定利润，但小龙虾养殖过程中还有很多外界因素可能造成产量减少，养殖过程中也经常发生疾病问题。实践证明，每个地区所适应的养殖模式是不同的，每种养殖模式都有其优点和缺点，要想获得更多的经济效益，应该扬长避短，合理选择适合本地实际情况的养殖模式。

第六章
小龙虾捕捞和运输

　　小龙虾的捕捞和运输方法和河蟹等甲壳动物差不多，但是当小龙虾与河蟹、青虾等甲壳动物混养时上市时间略有不同，并且小龙虾养殖模式以捕大留小、分批上市为主，因此捕捞工具和常用工具有所差别。小龙虾运输分为幼虾（虾苗、虾种）运输与商品虾运输。幼虾运输目前通常采用塑料周转箱加水草运输，装箱厚度不宜过大，运输过程中要注意保持湿润，避免阳光直射。小龙虾的生命力很强，离水后可以成活很长的时间，因此商品淡水小龙虾的运输相对也较为方便、简单，但也有其特点。

一、小龙虾捕捞

　　养殖过程中小龙虾生长速度差异显著，同一池塘、同时放养的小龙虾在到达捕获季节时规格差异很大，除需要苗种的阶段可将捕获的小虾作为苗种分拣出售，其余大部分生产时间仅需要达到规格的商品虾，小虾分拣后放回池塘继续生长，等饲养达到商品虾规格后再捕捞上市。在虾、蟹混养模式中，小龙虾的上市时间比河蟹要早，在江苏南部4月份即可上市，且上市持续时间也比较长，一般在4～8月份均有出产，而河蟹上市则较迟，通常在10月份以后才能上市。根据池塘虾、蟹混养要求，在小龙虾上市期，应及时轮捕，这样既可以获得小龙虾的高产，又能减轻池塘压力，有利于河蟹的生长。目前小龙虾的套捕工具是常规的地笼，在实际套捕活动中，不可避免地会将池塘中的河蟹捕入地笼内，不仅会引起小龙虾和河蟹互相残杀，造成损失，而且增加了分拣的难度，费工费时。养殖户需要一种能专门套捕小龙虾的工具，因此，选择简易实用、选择性套捕小龙虾的工具，有利于提高虾、蟹混养池塘小龙虾捕捞的效率，减少人工分拣的劳动强度，提高养殖效益。

　　小龙虾捕捞通常是利用地笼来进行作业的，地笼属定置式笼壶类渔具。该渔具历史不长，但发展很快，形状、大小多种多样，主要敷设于池塘、沼泽、水库、江河、湖泊的水体底部，广泛应用于业余或专业捕黄鳝、泥鳅、虾、蟹、小鱼等。材质通常为塑料纤维，大致分为有结和无结两种。全国各地从南到北均有使用，范围十分广泛。地笼两侧有很多入口，但内部构造比较复杂，待鱼虾等进入不易出来而被捕获。这种工具形状呈长筒形，沉入水体底部的，又称"地笼"。经过多年实践，不同地方的小龙虾生产者根据其生活特性设计了一些实用、有效的捕捞网具。

1. 小龙虾选择性捕捞笼　小龙虾与河蟹的攀爬习性不同，河蟹具备仰角攀爬能力，而小龙虾不能仰角攀爬，所以在笼梢口增设一定幅宽的光滑板，捕捞时将地笼放入池塘中，笼梢口不封闭，且确保固定在笼梢口内的光滑板的长度达到 20 厘米以上。当小龙虾与河蟹从地笼的各个入口进入地笼后，由于河蟹具有很强的仰角攀爬能力，它能够沿着笼梢口上半部分的网布自行爬出，而小龙虾要想爬出地笼，只能从倾斜放置的光滑板上爬出，由于光滑板的摩擦系数很小，小龙虾在其上不能爬行，只能留在地笼内，这样就不仅能选择性地对小龙虾进行套捕，而且套捕效率高，起笼时地笼中绝大多数是小龙虾，河蟹留笼量极少（图 6-1）。

捕捞笼包括筒状网袋、龙骨，龙骨等间距固定在筒状网袋上，在地笼的笼梢口内装有光滑板，光滑板的宽

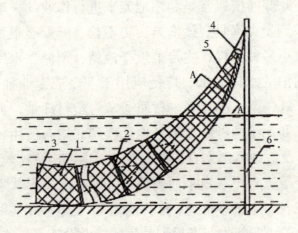

图 6-1　小龙虾捕捞笼示意图
1. 筒状网袋　2. 龙骨　3. 起始端　4. 笼梢口　5. 光滑板　6. 固定杆

度为笼梢口周长的 2/5～3/5，长度大于 20 厘米。

2. 有诱惑物的圆锥形捕捞笼　折叠式成虾捕捞地笼通常是采用聚乙烯网片缝制而成，网具频繁使用及长期在水中浸泡网片极易破损，造成使用周期短，需要经常修补，耗时耗力；小龙虾养殖塘内栽种有大量水草，而折叠式地笼网长达数米，占地面积大，无法在水草茂密的地方下网，用网具来捕捞小龙虾无多大成效。如果直接将折叠式地笼下到塘中，没有任何诱捕物质，捕捞效率通常较为低下。

生产者设计了有诱惑物的圆锥形捞虾笼（图 6-2），其顶部为倒虾口、圆锥形笼身、带有引诱口的底座笼网，顶部的倒虾口下端与圆锥形笼身连接，圆锥形笼身连接在底座笼网上。该捞笼底座笼网侧面上开有 5～8 个引诱口，在引诱口处接有向底座笼网内延伸的网状漏

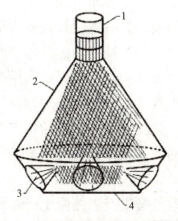

图 6-2　有诱惑物的圆锥形捕捞笼
1.倒虾口　2.圆锥形笼身　3.引诱口　4.底座笼网

斗,网状漏斗的出口处设有倒须。在筛网外喷有塑料涂层,为铁丝网罩提供保护,长期在水中浸泡不易损坏,可反复使用多年,克服了折叠式地笼网具聚乙烯网片容易破损,需要经常修补,使用周期短的缺点。在此笼具中放入了鲜鱼肉或配合饲料对小龙虾诱捕效果明显,捕捞效率高,克服了折叠式地笼诱捕效率低的缺陷。该捕捞工具体积小,在有水草密集生长的小龙虾养殖塘中使用也非常灵活,特别适于规模化小龙虾养殖场的成虾捕捞。

3. 分级捕捞地笼 当亲虾繁育幼虾后,亲虾要全部捕出,才有利于幼虾培育,但大虾和小虾同时在捕获区,捕获后需要分拣;同时在成虾养殖过程中虾的生长速度差别较大,尚未达到商品规格的小虾要放回池塘中继续养殖。由于捕捞后分拣时尚未达到商品规格的小虾尤其是亲本池塘中的幼虾个体小、壳壁薄、容易受伤,分拣回塘后死亡率很高,且分拣过程需要大量的人力,劳动强度大。因此具有分级捕捞功能的捕捞设备对小龙虾养殖的分级捕捞、分批上市有很强的实用性,能根据需要只捕获达到上市规格的商品虾,幼虾在分级区可自由逃逸,减少捕获、分拣过程中造成的伤害,提高回塘虾成活率,提高劳动效率,弥补传统地笼捕捞的盲目性,提高地笼使用率,节约生产成本。

分级捕捞地笼是生产者按照生产需要设计的可控化分规格捕捞装置(图6-3)。它由笼身、分级区和捕纳区组成。笼身由矩形框等距支撑,两侧外壁上交错装有笼壁单向倒须，笼内矩形框上装有笼内单向倒须，笼身一侧连接分级区和捕纳区。分级区为一圆柱形钢筋支撑，上覆盖大网目笼衣，一段小网目笼衣一端固定在圆柱形钢筋靠捕纳区一侧，一端用松紧带收口，可在分级区和捕纳区上下翻动。捕捞商品虾和亲虾时，将活动网衣拉上，地笼放入捕捞池塘中，捕获的小龙虾沿"一"字形笼身往分级区爬行，在通过分级区时，由于只有大网目笼衣覆盖，幼虾可以自由通过逃逸，存留捕纳区的都为达到商品规格的虾。商品虾和幼虾同时捕捞时，只需将分级区小网目活动网衣拉下覆盖在分级区，傍晚时将地笼放入捕捞池塘，第二天早上收获，可将池塘中的商品虾和幼虾同时捕捞收获。

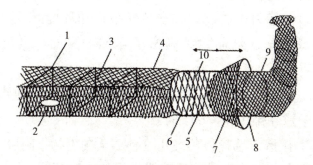

图 6-3　分级捕捞地笼

1.钢筋框架　2.进虾网口　3.笼内单向倒须　4.小网目网衣
5.大网目笼衣　6.圆柱形钢筋框架　7.小网目活动网衣
8.松紧口　9.捕纳区　10.分级区

二、小龙虾运输

（一）虾苗高密度运输

　　传统的淡水小龙虾苗种运输方法总体上都比较简陋，不能较好地满足高密度运输的条件。例如，以前较多使用的蛇皮袋装运，由于没有架体支撑，无法堆高，充分利用车厢空间，且由于挤压严重，运输成活率较低；用水箱运输方法不便捷，用水量大，运输效率低，运输成本较高。

　　小龙虾苗种高密度运输技术通过暂养停食，减少小龙虾排泄量；采用聚乙烯网布的钢筋网箱，可相互叠加提高运输能力；通过添加水草保持运输环境湿度，提高运输成活率，从而达到高密度运输的目的。具体方式如下。

　　1. 暂养　将刚从养殖池捕捞上的小龙虾苗种放在水泥池中暂养排污4～6小时。

　　2. 挑选　选择体色纯正、体表无附着物、附肢齐全、无病无伤、躯体光滑、活动能力强的小龙虾苗种运输。

　　3. 运输　采用80厘米×40厘米×10厘米聚乙烯钢筋网隔箱分层运输，网隔箱底铺少量水草后放入小龙虾苗种，然后再覆盖少量湿润水草，每只网隔箱放苗种5千克，网隔箱可垒叠，每2小时向箱体喷洒清水，保持虾体湿润。

4. 放养　抵达目的地后，将虾连同箱子放入水中浸泡 1～2 分钟，提起静放 1～2 分钟再浸泡，反复 4～5 次，使小龙虾腮部充分吸水。

（二）成虾运输

小龙虾成虾运输多采用干法运输，在运输的过程中，要讲究运输方法。首先，要挑选体质健壮、刚捕捞上来的小龙虾进行运输。运输容器可以用小龙虾装载箱盛装，也可用竹筐、塑料泡沫箱盛装。每个竹筐或塑料泡沫箱装同样规格的小龙虾，先摆上一层小龙虾，用清水冲洗干净，再摆第二层，摆到最上一层后，铺一层塑料编织袋，浇上少量水后，撒上一层碎冰，每（箱）要放 1.0～1.5 千克碎冰，盖上盖子封好。用塑料泡沫箱装虾苗时，要事先在泡沫箱上开几个孔。其次，要计算好运输的时间。正常情况下，运输时间控制在 4～6 小时以内，如果时间更长，就要中途再次打开容器浇水撒冰；如果中途不能打开容器，事先就要多放些冰，防止小龙虾由于在长时间高温干燥条件下大量死亡。装虾的容器不要堆积得太高。正常在 5 层以下，以免堆积过高，压死小龙虾。在小龙虾的贮藏与运输过程中，死亡率正常控制在 2%～4%。超过这个比例，就要改进贮运方案。

小龙虾装载箱（图 6-4）采用硬铁丝作为箱体框架，框架比较牢固，多层叠加时不会因为过重而压坏小龙虾。网体采用钢丝结构，牢固性较强，经久耐用。箱体五面固定，而顶面分成两半，并可以活动，放虾时将一端固

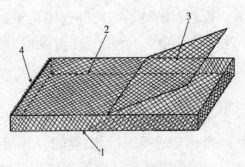

图 6-4　小龙虾装载工具

1.铁丝框架　2.铁丝网体　3.活动铁丝网盖　4.网架固定处

定，另一端打开，虾放满后盖上盖子并固定严实即可。

　　无论采用何种装载工具盛装小龙虾，均要求将虾装满、装紧，不能让小龙虾有太多活动空间。这样可以保持其安静，不会因打斗而导致肢体残损，破坏卖相。运输过程中要保持一定的湿度，如果温度过高要加冰块进行降温。

三、注意事项

　　为了提高运输的成活率，减少不必要的损失，在小龙虾的运输过程中要注意以下几点：

　　（1）在运输前必须对小龙虾进行挑选，尽量挑选体质强壮、附肢齐全的个体进行运输，剔除体质差、病弱有伤的个体。

　　（2）运输前需要对小龙虾进行停食、暂养，让其排空肠胃内的污物，避免运输途中的污染。

（3）选择好合适的包装材料，短途运输只需用塑料用转箱，上、下铺设水草，中途保持湿润即可，长途运输必须用带孔的隔热的硬泡沫箱、加冰、封口、低温运输。

（4）包装过程中要放整齐，堆压的高度不宜过大，一般不超过40厘米，否则会造成底部的虾因挤压而死亡。

（5）有条件的，在整个运输过程中，温度控制在1～7℃，使小龙虾处于半休眠状态，减少氧气的消耗及活动量，保持一定的温度，防止脱水，可提高运输的成活率。

第七章
小龙虾疾病防治

一、小龙虾常见疾病

疾病的诊断是治疗的基础,疾病防治要想取得好的效果,最重要的就是对疾病做出快速、准确的诊断,对症下药。如能全面掌握疾病发生的规律,在疾病发生前,通过一些细微的变化或特征及时预测疾病的发生,及时进行预防便能减少疾病的损失;如果疾病发生,诊断不当或错误,不能及时采取正确的处理措施,就会导致病情进一步恶化,造成严重经济损失。

(一)病毒性疾病

白斑综合征

【病　原】　该病主要是由无包涵体的白斑病病毒引起。该病毒容易感染中国对虾等海水虾类,在海水对虾养殖中造成过严重的经济损失。一般情况下淡水环境中的虾蟹不携带该病毒,对病毒也不敏感,但研究发现小龙虾对其却十分易感,将病毒接种到小龙虾体内,其分布、增殖、病理变化及死亡率与对虾基本一致，故小龙虾曾被用于对虾白斑综合征研究的理想的动物模型。近年来，小龙虾养殖地区暴发了严重疾病，PCR检查为白斑病病毒，电镜观察发现大量病毒粒子，形态与白斑病病毒一致，因此确诊为白斑病病毒感染。

【症　状】　感染了白斑病病毒的小龙虾的症状和染病对虾不同，因此不能按照对虾的症状来诊断。染病小龙虾在整个发病过程中头胸部等外壳上一般不出现明显的白斑。发病前期，病虾螯足无力，摄食量减少；发病中期病虾尾部蜷缩，停止摄食，无活力，腹足微动，行动迟钝或静卧不动，活力下降；发病后期病虾螯足下垂，活动迟缓，尾部更加蜷曲，濒死时腹部向上，疑似死亡，甲壳软化，头胸甲容易剥离，肝胰腺呈棕黄色或白色，多伴有腹部肌肉浑浊。病害呈暴发性，可导致大量病虾死亡，死亡率可达80%～90%，故称为暴发性白斑综合征。

该病典型症状是螯足无力，腹足微动或者不动，采用PCR检测方法能快速确诊。

（二）细菌性疾病

1. 褐斑病

【病　原】　该病又称甲壳溃烂病或甲壳溃疡病，是甲壳类动物常见的一种细菌性疾病，能够感染很多种类的甲壳动物，如龙虾、对虾、蟹及小龙虾等的幼体和成体。一般认为该病的病原为假单胞菌、气单胞菌、黏细菌、弧菌或黄杆菌等能分解几丁质的细菌。

【病　因】　引起该类细菌感染的原因有几种情况：①由于捕捞或人为原因造成虾体表损伤，病菌从伤口处侵入；②长期营养不良，导致虾体质减弱，抗病能力下降，也能引起病菌感染；③其他细菌侵入，破坏了小龙虾的外壳，再被几丁质分解细菌侵袭；④环境中的某些化学物质或药物引起虾体外壳损伤或体质下降，被病菌感染。

【症　状】　小龙虾容易感染的部位一般在头胸甲、腹部及鳃部。轻度感染时只在表皮有颜色较深的溃烂斑点，呈灰白色，边缘溃烂；严重感染时，斑点呈黑褐色，中间凹陷，有较多较大的空洞，菌体可穿过甲壳进入软组织，使病灶粘连，造成虾脱壳困难，体内感染，直至死亡。

发现虾体表出现灰白色或黑褐色斑点，即可诊断为甲壳溃烂病。如溃疡点为灰白色且未穿透甲壳，即为轻度感染，需要及时处理，以免病情恶化；如斑点中间凹陷，颜色为黑褐色则为重度感染，需要马上处理，以免出现大批死亡。

2. 烂鳃病

【病　原】　很多病原感染均可能造成小龙虾出现烂鳃症状，有的由丝状细菌感染引起，有的由弧菌和杆状细菌引起。

丝状细菌是一种毛发状白丝菌，通常为毛霉亮发菌和发硫菌等丝状细菌。该类菌可生长在虾的体表、附肢、尾扇等多处，但主要寄生于鳃部。

【症　状】　患病个体的体表簇生大量丝状细菌，其中，幼体期主要附着于肢体上，而成体期则主要附着于鳃和附肢刚毛等处。不过，丝状细菌感染宿主后并不侵入宿主组织，也不从宿主体内吸取营养，它主要以宿主为附着基，与宿主之间属于附生或外共栖关系。但是它对宿主可造成较严重的间接危害，如在鳃部大量寄生，可导致单细胞藻类和各种污物黏附，使鳃呈黑色、棕色或绿色，阻塞鳃部的血液流通，严重影响其呼吸功能，从而导致虾缺氧，出现沉入水底，活力下降，行动缓慢、失常，迟钝，厌食，生长缓慢等症状，甚至因呼吸衰竭造成大量死亡；体表附着大量丝状细菌，还可导致虾因蜕壳困难而死亡。此外，丝状细菌感染幼体后，致使患病幼体活力下降，影响其生长和发育。

若发现病虾鳃部颜色发黑、发绿，有毛发丝状物时，剪取少量鳃丝在清水中涮洗，附着物会大量脱落，即可初步诊断为丝状细菌引起的烂鳃病，否则可能是其他病原造成的烂鳃。通过制作鳃丝水浸片，显微镜检查，发现有大量毛发状、不分支的透明丝状物即可确诊。

3. 烂　尾　病

【病　因】　由于机械捕捞、人为因素、饵料不足相互残杀等原因导致小龙虾体表受伤，而后被几丁质分解细菌感染，导致小龙虾尾部溃烂、残缺不全及坏死。

【症　状】　感染初期在病虾尾部肉眼可见水疱、边缘溃烂、残缺不全及坏死。随着病情的加深，溃烂点逐步向中间扩展，直至整个尾部烂掉。

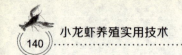

若发现小龙虾尾部溃烂或脱掉，初步可诊断为小龙虾的烂尾病。

4. 肠　炎

【病　原】　该病由嗜水气单胞菌侵害小龙虾肠道引起。该菌属弧菌科、气单胞菌属，是一种人、畜、鱼、虾都可感染的病原菌。20世纪90年代后，该病菌成为水产类动物的主要致病菌，可引起暴发性肠炎，造成大量死亡，给淡水小龙虾产业造成了重大的经济损失。

【症　状】　病虾体质较弱，游动无力。剖检可见肠道变粗、变红，肠内无食物，充满黄色脓状物。根据以上特征可作出初步诊断。

5. 水 肿 病

【病　因】　由于小龙虾好斗的天性或饵料不足互相残食等原因，致使小龙虾的腹部受伤，继而感染嗜水气单胞菌，引发小龙虾头胸肿大、透明状的症状，为水肿病。

【症　状】　病虾头、胸部水肿，呈透明状，匍匐于池边草丛中，活力下降，摄食率降低，最后在池边浅水滩死亡。

小龙虾身体呈透明状，比正常虾肿大，可诊断为水肿病。

（三）真菌性疾病

1. 水 霉 病

【病　原】　该病由水霉菌引起。该菌属卵菌纲、鞭毛菌亚门，是条件性致病菌。其形状细长如毛发一般，一端生根于虾的肌肉组织，另一端则伸出体外，灰白色、棉絮状如柔软的纤维。水霉菌不仅可以侵入小龙虾的外表，而且能进入外骨骼并破坏其角质层，导致小龙虾抗病力降低，引发死亡。卵和幼虾极易感染，且抵抗力极低。体表无损伤的健康虾的染病率为 20%，体表受伤的虾染病率为 60%。

【症　状】　患病的小龙虾伤口处的肌肉组织长满菌丝，组织细胞逐渐坏死，体表附着灰白色、棉絮状菌丝，消瘦乏力，活动焦躁，摄食量降低，游动失常，常浮出水面或依附水草露出水外，行动缓慢呆滞，一般很少活动，不进入洞穴，严重者死亡。

发现小龙虾体表附着灰白色絮状菌丝，浮出水面或在水草中不动时，将病虾在水中摆动，若霉状物脱离较少，可诊断为水霉病。

2. 小龙虾瘟疫

【病　原】　该病是由螯虾丝囊霉菌引起的一种真菌病。病原是螯虾丝囊霉菌。该病菌是由美国小龙虾引入北欧，在欧洲传播开来，小龙虾极易感染，死亡率高达100%。感染后，发病时间短，感染到死亡仅需 1～2 周，且随着温度升高疾病暴发率越高。

【症　状】　被感染小龙虾的体表附着黄褐色的斑点，在附肢及眼柄处有丝状体的真菌，并产生游动孢子感染其他个体，病原在侵入小龙虾体内后，破坏中枢神经系统，导致小龙虾运动功能损伤，病虾表现呆滞，活动性减弱或活动不正常，不久即死亡，死亡时多腹部向上。

俗称"偷死病"。

附肢、眼柄基部附着真菌的丝状体，体表呈黄褐色斑点，在水中没有活力，可初步诊断为小龙虾瘟疫病。

3. 黑鳃病

【病　因】　由于暴雨或者持续的阴雨天气，水位较浅的池塘底泥不断搅动，导致池水浑浊，污染严重，加上光照不足的原因，池水中霉菌滋生，小龙虾的鳃则会受到霉菌的感染，长满霉丝，妨碍其功能。患病小龙虾的鳃部由原先的红色逐渐转变成褐色，逐渐萎缩，失去作用，最终导致死亡。

【症　状】　患病的小龙虾对阳光的感应减弱，失去活力，缓慢地在池底游动，停止摄食，生长缓慢，蜕壳困难，尾部蜷缩，体色发白。患病的成虾常浮出水面或依附水草露出水外，行动缓慢呆滞。

小龙虾鳃部颜色逐渐变黑、萎缩，腹部蜷曲、僵硬，懒于运动，可诊断为黑鳃病。

（四）寄生虫性疾病

1. 纤毛虫病

【病　因】　池中的底质恶化，引起 pH 值的变化，大量污物堆积在池底，池中大量产生纤毛虫。主要由累枝虫、聚缩虫、斜管虫、钟形虫、单缩虫等寄生引起。纤毛虫附着在虾体表、附肢、鳃上，大量附着时，会妨碍虾的呼吸、活动、摄食和蜕壳功能，影响生长发育，虾体表沾满了泥及脏物，并拖着絮状物，俗称"拖泥病"。

【症　状】　纤毛虫附着在成虾或虾苗的体表、附肢和鳃上，当固着性纤毛虫少量附生于虾体时，症状并不明显，虾也无病变；但当虫体大量附生在鳃时，鳃呈黑色，影响鳃丝的气体交换，会引起虾缺氧窒息死亡；大量附生在体表时，小龙虾体表呈灰黑色，有绒毛状附着，蜕壳受阻，造成死亡。病虾在早晨浮于水面，反应迟钝，不摄食，不蜕壳，生长受阻。纤毛虫病的主要危害是幼体在患病期间虾体表面覆盖一层白色絮状物，致使幼体活动力减弱，影响幼体的发育变态，对幼虾危害较严重。成虾多在低温时候大量寄生，影响呼吸，在低溶解氧的情况下更易引起大批死亡。

小龙虾体表沾满纤毛虫，呈白色絮状，拖有很多杂物，即可诊断为纤毛虫病。

2. 聚缩虫病

【病　原】　该病是小龙虾常见的、危害较大的虾病，感染速度快，几天之内便可使池中的小龙虾绝大部分感染，如不及时防治，甚至会引起细菌感染，继而发生死亡。

病原体常见种是树状聚缩虫，其寄附于小龙虾的体表和鳃等。

【症　状】　小龙虾寄生聚缩虫后，体表似覆盖一层絮状白毛，消瘦，活动减弱，或在池中不动或在水中缓慢游动，趋光性差，极易沉入水底。聚缩虫群体较大，常附着在小龙虾的头甲及腹部、鳃部，呈黏滑的絮状附着物，肉眼可见。病蟹的关节、步足、背部、额部、附肢及鳃上都附着聚缩虫，体表污物较多，活动及摄食能力减弱，严重影响小龙虾的呼吸、活动和摄食，患病的小龙虾不摄食、不排粪、不蜕皮，严重者常在黎明前死亡。

3. 微孢子虫病

【病　原】　该病由微孢子虫所致，在死亡的虾体上也有胶孢子虫发现。截至目前，对于鳌虾微孢子虫类报道较多的有类单极虫、具摺孢虫属，大多数的孢子都是卵圆形的，储存在泛孢子母细胞中。现阶段对鳌虾微孢子虫的生活史暂不清楚，由于不同种类的微孢子虫有所差异，一般以桡足类和水生昆虫作为宿主。微孢子虫能够感染多种脊椎动物和无脊椎动物，尤以小龙虾严重，被认为是除了小龙虾瘟疫外最严重的疾病。

【症　状】　一般寄生的位置在血管和消化道的平滑肌或生殖腺中，主要症状是在病虾背部有不透明的白色区。肌肉是微孢子虫的主要靶组织，感染早期，肌肉出现点状白浊，嗜睡；感染晚期，整个肌肉均呈白浊状，俗称"白化虾"。类单极虫还能感染心脏、性腺、结缔组织、神经组织以及血液淋巴结。

病虾背面可见蓝黑色色素沉淀，肌肉松散，发白，出现以上症状时，可诊断为微孢子虫病。

（五）水质引发疾病

1. 营养元素缺乏

（1）缺　钙

【病　因】　小龙虾在生长期间由于虾苗放养密度过大，长期投喂单一饵料，营养不均衡，水体缺乏钙元素，导致小龙虾难以蜕壳而引起疾病；也可因由于长期的阴雨天气，养殖池内缺少阳光，池塘淤泥过厚使水中的pH值长期偏酸性，蜕壳后，小龙虾无法利用钙、磷等元素，致使外壳软化。

【症　状】　病虾头胸部与腹部交界处出现裂痕，体色偏暗，全身发黑，活力减弱，螯足无力，多数沉入水底，食欲降低，生长缓慢，遇见敌害生物时不会躲避。身体弯曲，有的尾部弯曲或萎缩，有的附肢上刚毛变弯，甚至残缺不全。幼体趋光性较差，蜕壳十分困难。

（2）缺　氧

【病　因】　池水中氧气过低或耗氧动植物过多导致水中氧气消耗过快，小龙虾便会因氧气稀少而引发泛池。

【症　状】　全池虾向浅水地方或池岸边集结，朝一个方向缓慢爬行或游动，遇敌害物或发现危险攻击时，也不逃遁。这是小龙虾即将泛塘的前兆。严重缺氧时，小龙虾在水中到处游动，大量爬到岸边草丛中，活力下降，浮在岸边不动，有的爬上岸，长时间离水则导致死亡。

观察小龙虾摄食量过少或小龙虾的尾部蜷曲或附肢刚毛变形，则需要检查水质。

2. 有害物质过多

（1）中　毒

【病　因】　小龙虾对化学物质非常敏感，超过一定的浓度即可发生中毒。能引起虾中毒的物质称为毒物，单位为百万分之几（毫克/升）和十亿分之几（微克/升）。

能引起小龙虾中毒的化学物质有很多，从来源看主要是化肥、农药、有毒药物及工业污水进入虾池，以及水池中有机物腐烂分解而来等。池中残饵、排泄物、水生植物和动物尸体等腐烂后，微生物分解产生大量氨、硫化氢、亚硝酸盐等有毒物质；工业污水中含有汞、铜、镉、锌、铅、铬等重金属元素、石油和石油制品及有毒性的化学成品，都会使虾类中毒，生长缓慢，直至死亡。另外，小龙虾对很多杀虫剂农药特别敏感，如敌百虫、敌杀死、马拉硫磷、对硫磷等，是虾类的高毒性农药，除直接杀伤虾体外，也能使虾发生肝胰腺的病变，引起慢性死亡。

【症　状】　主要有两类，一类是慢性发病，表现呼吸困难，摄食减少，个别发生死亡，随着疫情发展，死亡率增加，这类疾病多数是由池塘内大量有机质腐烂分解引起的中毒；另一类是急性发病，主要因工业污水和有机磷农药等所致，出现大批死亡，尸体上浮或下沉，在清晨池水溶解氧低时更明显。在尸体剖检时，可见鳃丝组织坏死变黑，但表面无纤毛虫、丝状菌等有害生物附生。在显微镜下见不到原虫和细菌、真菌。

（2）青苔过多

【病　因】　青苔又叫青泥苔，是水绵、双星藻、转板藻等几种丝状绿藻的统称。青苔出现多因前期肥水时浮游藻类没有按时生长，而丝状藻类大量繁殖。若不及时处理，水中养分被青苔全部消耗，导致水体清澈见底，小龙虾难以正常生长。

【症　状】　小龙虾头胸甲与腹部分开，头胸甲肿大，腹部变白，尾部弯曲、萎缩，有的附肢刚毛变弯、残缺不全，遇到敌害不会逃逸，活动能力差，摄食能力低。出现以上状况说明养殖池水出现很大问题，应立即调整水质。

3. 温度不适

【症　状】 小龙虾属变温动物，最适的生长温度是24～30℃，当水温小于20℃或者大于30℃的时候，生长率下降；小于15℃时，幼体的成活率极低；小于4℃时，则会被冻伤或冻死。在高温季节，因池内隐蔽物少，光照过于强烈或水温高于36℃，或短时间内水温温差超过4℃以上，成虾受惊吓，躯体痉挛，弓腰，尾呈钩状。有的病虾躯体僵硬、肌肉坏死，或仰体不停地弹动；捞出后很长时间内不能恢复正常，虽能短暂划动，但是身体呈弯钩状，无法伸展。小龙虾冻伤时，腹部出现白斑，随着病情的加重白斑也随之变大，最终蔓延到整个身体。冻伤初期呈昏迷状态，躺在浅水层草中；后期，则肢体麻痹、僵直等症状，不久死亡。

当小龙虾腹部有白斑且越来越大，肌肉坏死，呈白色不透明状，身体蜷曲，呈钩状，肢体僵硬，伸展不开，则可断定为由水温而引起的疾病。

二、小龙虾疾病综合预防

（一）投喂免疫增强剂

（1）投喂大蒜素。每千克虾用 10 克大蒜素拌入饲料中制成药饵投喂，连用4～6天，可预防细菌性肠炎病。注意在投喂药饵时，投饵量为平时投喂量的70%左右，以保证药饵每天能吃完。

（2）在小龙虾饲料中适量添加淫羊藿、甘草，可以提高小龙虾血清对各种细菌的抑菌率。

（3）在小龙虾饲料中添加适量维生素A，有助于提高小龙虾机体免疫力和抗感染力。

（4）在小龙虾饲料中添加一定量的壳聚糖可促进生长和提高免疫力，适宜添加量为0.5%～1.5%。

（二）改善水质

（1）彻底清塘消毒。在小龙虾放养前，要对虾池进行清整与消毒，杀灭敌害生物及有害病原体。排干池水，清除池底淤积，暴晒数天，同时修补池埂，堵塞漏洞。在虾放养前10天左右，用生石灰清塘消毒，采用干法清塘，亩用50～80千克。每年在养殖后，也要对池塘进行全面的清淤消毒的工作。首先，将池水排干，对池底的淤泥、底质进行一定的捞除，底质留10厘米左右即可。再撒上生石灰进行暴晒。这样可以去除底质中的寄生虫、病原、杂质等。

（2）保证池塘水源清洁卫生。远离工厂、农田取水。从河里引入的水也不可直接进行养殖，需进行一定的过滤方可进行养殖。养殖前，要先对水进行曝气，避免水缺氧而导致小龙虾死亡。

（3）保持池水清新、无污染，及时清除残饵及水中污物，透明度控制在 35～40 厘米。适时换注新水，一般 7 天换水 1 次，高温季节每 2～3 天换水 1 次，每次换水量为池水的 20%～30%，保持水质肥、活、爽、嫩，溶解氧 5 毫克 / 升以上。定期泼洒生石灰水，以及光合细菌、硝化细菌等生物制剂调节水质，消除水体中的氨氮、亚硝酸盐、硫化氢等有害物质，保持池水 pH 值 7.5～8.5。

（4）在养殖期间，一旦小龙虾死亡过快或过多，要尽快对养殖水体进行改良，严重时则需要全池换水。若发现病虾、死虾则需要尽快清除，避免感染全池小龙虾。

（三）细化生产操作

1. 严防敌害　在进排水口和池埂上设置网片，严防敌害生物进入，一旦发现虾池中有鲇鱼、黑鱼、鳜鱼、蛙、水蛇、黄鳝、水鼠等敌害生物时，及时采取措施清除。

2. 虾种消毒　虾种从外地运入时往往带有各种病原体。而且在捕捞、运输过程中虾体极易受伤，为病原体侵入提供机会。因此，在放养前需要将虾种浸入 3%～4% 食盐水中，根据虾体承受能力浸浴 5～10 分钟，进行虾体消毒，预防虾病。

3. 加强饲养管理　按照"四看四定"的原则，做好投喂，增强小龙虾体质，提高其自身免疫力，是预防小龙虾的重要措施之一。在日常管理中，要经常对池塘和渔具进行消毒。在高温季节，每隔半个月左右，在饵料中添加维生素、碳酸钙等增强小龙虾的免疫力，平时做

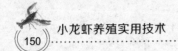

到早晚巡塘，发现异常及时采取措施，对疾病早发现、早预防、早治疗。

（四）改善养殖模式

1. 种植水草 由于小龙虾是杂食性动物，放养前，适当植入一些水生植物（水草种植面积占全池总面积的2/3左右），可增加水中的氧气，利于水生动物饵料的生长，并为小龙虾提供隐蔽、栖息、蜕壳的场所。

2. 投放螺蛳 幼小的螺蛳外壳生脆，富含营养，易被消化吸收。放养前，每亩投放螺蛳200千克，不仅能提高小龙虾的摄食率，而且能增强其体质。

3. 科学混养 可在养小龙虾的池内放入花、白鲢等品种的鱼类，以提高综合养殖效益。

4. 适时的换水与增氧 在水质变差的时候加注新水，以改善水质。当池水缺氧时，及时开动增氧机。

三、小龙虾常见病防治方法

（一）病毒性疾病防治方法

该类疾病目前尚无有效的治疗药物来控制，以预防措施为主。种苗入池前必须先检测病毒，确认无毒方可入池；养殖过程中，采用封闭循环水养殖，防止外来病原的进入，一旦发现病虾、死虾应及时处理，在远离养殖塘处掩埋，防止水鸟、蛙类捕食病死虾，以免病毒传播扩散。养殖时投喂优质的全价饲料，并在饲料中添加0.2%稳定型维生素C、0.1%人参皂苷或0.2%多糖；用溴氯海因0.5～0.6克/米³化水全池泼洒；养殖期间，每15天用季铵盐络合碘1.5克/米³化水全池泼洒；使用生物制剂，保持水环境的稳定。

（二）细菌性疾病防治方法

（1）在日常捕捞、运输和投放的过程中不要损伤和堆压虾体。在日常管理中，对虾体尽量减少伤害，减少捕捞次数，保持水质清洁。

（2）放养前，池塘要彻底清淤消毒，对虾苗也应进行消毒。

（3）养殖过程中，保证投喂的饵料新鲜，营养丰富，饵料投喂要充足，避免因饵料不足小龙虾互相残食，破坏体壳。

（4）全池泼洒15～20毫克/升茶籽饼浸液，每立方米水体用3克漂白粉化水全池泼洒，治疗效果较好。

（5）控制养殖密度，增加换水次数和加大换水量。

（6）发现患病严重虾或者死虾，及时拿到远离水源和养殖水域处掩埋。

（7）烂鳃严重病时，可全池泼洒二氧化氯，连用2天，若水质颜色较差，可同时加底质改良剂。

（8）烂尾病严重时，用强氯精等消毒剂化水全池泼洒，隔天使用，连续2次。

（9）肠炎可在饵料中添加肠炎灵5克、大蒜素5克

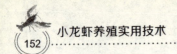

连喂 3 天。

（10）水肿病可用土霉素拌饵，每千克虾 1～2 克，连喂 7 天。

（三）真菌性疾病防治方法

（1）在捕捞、搬运中，要仔细小心，避免虾体损伤、黏附淤泥。

（2）放苗前，对池塘及养殖用水消毒，水深 1 米每亩用生石灰 75～100 千克，化水后全池泼洒，保证溶解氧充足，水质清新。

（3）发病后，每天泼洒漂白粉 1 次，浓度为 1 毫克/升，连用 3 天。

（4）食盐和小苏打配成合剂全池泼洒，每天 1 次，连用 2 天；或用 3%～5% 食盐水浸洗病虾 2～3 次，每次 3～5 分钟。

（5）水霉病可用克霉灵 2～4 毫克/升化水全池泼洒，或双氧氯 0.3～0.4 毫克/升全池泼洒，连用 2 天；每 100 千克饲料添加克霉唑 50 克，拌匀投喂 1 周；每立方米水体用五倍子 2 克煎汁，稀释后全池泼洒。

（6）小龙虾瘟疫病和黑鳃病可在每千克饵料中拌土霉素 1 克投喂，每天 1 次，连喂 3 天。

（四）寄生虫性疾病防治方法

1. 纤毛虫病防治方法

（1）彻底清塘，杀灭池中的病原，保持水质的清新，对该病有一定的预防作用。

（2）放养时，用1%食盐水浸洗虾体。

（3）发病后，用3%～5%食盐水浸洗病虾，或用0.5～1克/米^{3}新洁尔灭和5～10克/米^{3}高锰酸钾混合浸洗病虾。

（4）经常大量换水，减少寄生虫数量及对小龙虾的危害，1米水深每亩用生石灰20～30千克化水泼洒彻底清塘，杀灭池中的病原体。

（5）杀虫期间，采用EM菌、光合细菌等生物制剂改良水质。

（6）病虾用25～30克/米^{3}福尔马林溶液浸浴4～6小时，连续2～3次。

（7）若纤毛虫过多，全池化水泼洒络合铜1.2克/米^3，或每天用0.4毫克/升硫酸铜溶液浸洗病虾5～6小时，或全池化水泼洒纤虫净1.2克/米^3，5天后再用1次，然后全池化水泼洒硫酸锌3～4克/米^3，5天后再泼洒1次，两种药用后全池泼洒0.2～0.3克/米^{3}二溴海因1次。

2. 孢子虫病防治方法

（1）对有发病史的池塘，虾苗入池前用生石灰化水对池塘彻底消毒（剂量同纤毛虫病），用1%～2%食盐水对虾种浸泡消毒。

（2）一旦出现病虾与死虾，及时捞出在远离水源处深埋处理，防止病情扩散。

（3）用25～30克/米^{3}福尔马林溶液浸洗4～6小时，

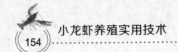

每天 1 次，连续 2～3 次。

（五）水质引发疾病防治方法

1. 营养元素缺乏防治方法

（1）**缺钙** ①每 15～20 天用 25 毫克 / 升生石灰化水全池泼洒。②每月用过磷酸钙 1～2 毫克 / 升化水全池泼洒。③拌饵投喂，饵料中拌入 1‰～2‰蜕壳素、骨粉、蛋壳粉等增加饲料中钙质。

（2）**缺氧** ①发现大量虾躁动不安，立即开动增氧机，加注新水，喷洒落入水面。② 50 毫克 / 升鱼浮灵，溶水后全池泼洒。③水深 1 米每亩用 3 毫升过氧化氢（双氧水），当池水缺氧时，打开瓶口放到池水中，让其自行溢出增氧。

2. 有害物质过多防治方法

（1）检查虾池周围的水源，有无新建排污工厂、农场及池水来源改变情况，有无工业污水、生活污水、稻田污水及生物污水等混入，如有发现立即切断入水口。

（2）立即将存活虾转移到已经清池消毒的新池中去，增加溶解氧。

（3）清理水源和水环境，根除污染源，或者选择符合标准的地域建新池。

（4）新建养殖池必须在浸泡后方可使用，以降低土壤中的有害物质含量。

3. 青苔防治 对面积小的塘口，最好在青苔生长期进行人工捞除。在青苔萌发初期可用硫酸铜、青苔净等药物控制，但要注意杀青苔药物影响水草生长，用药后第二天要及时加水。

4. 温度不适防治方法

温度过低：①初冬的时候，做好防寒防冻工作，当自然水温下降到10℃时，应加深池水。②秋冬季，多投脂肪性饲料，如豆饼、花生饼和菜籽饼等，增加小龙虾机体抗病力。③越冬期间，在池中投放稻草或有机肥料，促使水底微生物发酵，提高水温。

温度过高：加注井水等水温比较低的新鲜水源，也可在池塘一边增加水花生等水生植物遮阳。